化学工业出版社“十四五”普通高等教育规划教材

植物学实验实习指导

Guidance for Botanical Experiments and Internships

邵玲　梁国华　主编

· 北京 ·

内容简介

《植物学实验实习指导》教材图文并茂，全彩印刷。内容包括植物形态解剖和系统分类、植物学课程野外实习、附录三大部分。植物形态解剖和系统分类部分选编了植物学基本实验技术、植物细胞结构、植物的组织、种子的形态结构和幼苗类型、根尖和根的结构、茎尖和茎的结构、叶的结构、植物营养器官的变态、花与花序、果实的结构与类型、藻类植物、苔藓植物与蕨类植物、裸子植物、被子植物、植物标本制作等17个实验。植物学课程野外实习部分设计了6个与野外实习实训相关的主题。附录部分介绍了植物学实验室规则和安全事项，植物学实验常用试剂配制以及植物各类标本的采集及其制作技术流程等。重点实验内容均有相应的彩色实物插图，提高了实验教学的效率和质量。

本教材理论联系实际，结合区域植物特色和专业特色，注重实用性和地域特色性。通过实施本教材教学，力求提升学生的自主学习能力、科学创新思维和团队协作精神。

本教材可作为师范院校、综合性大学生物相关专业本科生的植物学实验实习教材，也可供农林类、中医药类本科及高职院校相关专业教学参考，并可作为中学生物教师和相关领域科技工作者的参考书。

图书在版编目（CIP）数据

植物学实验实习指导 / 邵玲，梁国华主编. -- 北京 : 化学工业出版社，2024. 11. --（化学工业出版社“十四五”普通高等教育规划教材）. -- ISBN 978-7-122-46600-6

Ⅰ. Q94-33

中国国家版本馆CIP数据核字第2024QH5170号

责任编辑：傅四周　　文字编辑：李　雪
责任校对：李雨函　　装帧设计：王晓宇

出版发行：化学工业出版社
（北京市东城区青年湖南街13号　邮政编码100011）
印　　装：中煤（北京）印务有限公司
710mm×1000mm　1/16　印张10¾　字数178千字
2025年2月北京第1版第1次印刷

购书咨询：010-64518888　　售后服务：010-64518899
网　　址：http://www.cip.com.cn
凡购买本书，如有缺损质量问题，本社销售中心负责调换。

定　　价：55.00元

本书编写人员名单

主　　编：邵　玲　梁国华

副 主 编：吴少平　付姝颖

参编人员：陈雄伟　岑庆雅

周丽萍　张笑春

前言

植物学是生物学的分支学科，也是高等学校生物科学类、植物生产类专业本科生必修的专业基础课程。植物学实验及实习是植物学教学的必要环节，其不仅是理论知识的验证与补充，同时也是培养学生观察与分析能力、科学思维方法、科学研究方法以及实践动手能力的重要手段，对培养学生的自主学习能力、科学创新思维和团队协作精神具有重要的作用。

编者根据教育部高等学校生物类专业教学大纲的基本要求，基于新世纪学科发展的规律和人才培养的理念，在参考各高校植物学实验教材的基础上，以校本植物学实验教程为蓝本，经多年教学实践编写成本书。

本书坚持理论联系实际，内容安排注重植物学知识的科学性和系统性，特别体现“新”（内容新颖）、“实”（注重实践）、“点”（重点突出）、“鲜”（图像鲜明）等特点，着重培养学生独立操作的实验实训技能。实验所用的材料，主要采用我国植物区系中广泛分布或华南地区广为栽培的种类，大多是经济价值较大或容易找到的植物。实验内容以注重启迪、操作性强、体系完善为目标，做到图文并茂、操作步骤流畅，使学生对植物学知识认知到位、理解深刻。

本书内容体系分为植物形态解剖和系统分类、植物学课程野外实习、附录三个部分，由肇庆学院植物学课程组全体教师编写。全书由邵玲和梁国华负责统稿。特别感谢中山大学廖文波教授对本书整体布局提出指导性建议，并对全书进行细致修改；中国科学院亚热带农业生态研究所范德权同志提供部分图片素材；肇庆学院赵则海教授帮助全书修订；化学工业出版社傅四周同志提出许多宝贵意见和建议。本书得到肇庆学院教材资助基金、广东省本科高校生物学科产教融合实践教学基地建设项目和广东省重点领域研发计划项目配套资金的支持，在此一并表示衷心感谢！

由于编者理论水平和实践经验有限，书中难免有错漏和不妥之处，恳请读者及时批评指正，便于以后修正。

邵玲
甲辰之春于砚园

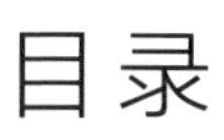

目录

第三部分

附录

141~161

参考文献

162~163

第一部分

植物形态解剖和系统分类

实验一 植物学基本实验技术

在植物学的教学和研究工作中，显微镜是十分重要的工具。显微镜的类型和规格很多，日常人们使用的主要有光学显微镜和电子显微镜两大类。光学显微镜是植物学实验教学过程中最常用的工具，它可以通过特殊的光学成像原理将植物体的细微结构放大几十倍至几百倍甚至上千倍，帮助我们对一些微小的结构进行观察和了解。所以在学习植物学课程和进行植物学实验前，每个学生都必须很好地掌握光学显微镜的构造和使用方法。同时，在进行植物学研究时，需要记录和表达所观察到的植物细胞、组织、器官等部位的形态结构特征，并揭示它们之间的联系，因此常需要使用植物绘图技术和数码显微摄影技术。

一、实验目的

① 了解光学显微镜的基本构造，初步掌握光学显微技术使用方法。

② 了解植物绘图技术方法，并临摹练习。

③ 了解植物显微常规制片技术；初步了解显微数码摄影技术。

二、实验材料

① 生鲜材料：洋葱鳞茎、萝卜、胡萝卜、土豆、洋葱根尖、百合花药、衣藻、水绵等。

② 永久装片：洋葱表皮装片、蚕豆下表皮装片、蓖麻种子切片、蓖麻种子纵切片、向日葵幼茎横切片、南瓜茎横切片等。

三、实验仪器、用具和药品

① 仪器：生物光学显微镜（双目显微镜、三目显微镜）。

② 用具：擦镜纸、镊子、解剖针、载玻片、盖玻片、单面刀片、培养皿、吸水纸、滴管、纱布、2H 或 HB 铅笔、实验报告纸等。

③ 药品：醋酸洋红染色液、加拿大树胶、秋水仙素、8- 羟基喹啉、无水

乙醇、95% 乙醇、冰醋酸、浓盐酸、叔丁醇等。

四、实验内容与方法

（一）植物光学显微技术

1. 光学显微镜的类型

光学显微镜是以可见光为光源，用玻璃制作透镜的显微镜，可分为单式和复式两类。单式显微镜结构简单，常用的如放大镜，由一个透镜组成，放大倍数在 10 倍以下。构造稍微复杂的单式显微镜为解剖显微镜，也称为实体显微镜，是由几个透镜组成的，其放大倍数在 200 倍以下。复式显微镜结构比较复杂，至少由两组以上的透镜组成，放大倍数较高，是植物形态解剖实验最常用的显微镜，其有效放大倍数可达 1000 倍，最高分辨力为 0.2μm（1μm = 0.001mm）。除一般实验使用的普通生物显微镜外，还有供研究用的暗视野显微镜、相差显微镜和荧光显微镜等。

2. 复式显微镜的构造

普通使用的复式显微镜主要为双筒镜（图 1-1），其基本构造包括机械装置（镜架）和光学系统（成像）两大部分。

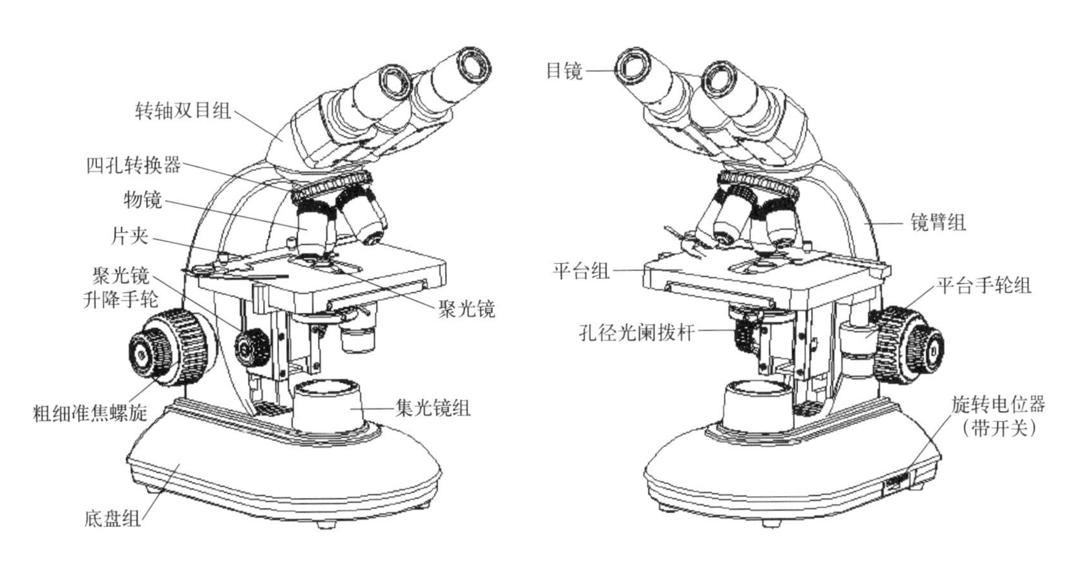

图 1-1　奥特 B203 双目生物显微镜外形图

（1）机械装置（镜架） 由金属制成，其作用是固定和调节光学系统及放置和移动标本等。

① 镜座：显微镜的底座，支持整个镜体，使显微镜放置稳固。

② 镜柱：镜座上面直立的短柱，支持镜体上部的各部分。

③ 镜臂：弯曲如臂，下连镜柱，上连镜筒，为取放镜体时手握的部位。显微镜镜臂的下端与镜柱连接处有一活动关节，称倾斜关节。可使镜体在一定范围内后倾，便于观察。

④ 镜筒：为显微镜上部圆形中空的长筒，其上端放置目镜，下端与物镜转换器相连，并使目镜和物镜的配合保持一定的距离，一般是 160mm，有的是 170mm。镜筒的作用是保护成像的光路与亮度。

⑤ 物镜转换器：接于镜筒下端的圆盘，可自由转动。盘上有 3 ～ 4 个螺旋圆孔，为安装物镜的部位。当旋转转换器时，物镜即可固定在使用的位置上，保证物镜与目镜的光线合轴。

⑥ 载物台（镜台）：为放置玻片标本的平台，中央有一圆孔，以通过光线。两旁装有一对压片夹，用以固定玻片标本。研究用的显微镜常装有平台移动器，可固定玻片标本，同时利用上面的操纵钮，使玻片标本向前后左右各方向移动。

⑦ 调焦装置：为得到清晰的物像，必须调节物镜与标本之间的距离，这种操作叫调焦。在镜臂两侧有粗、细准焦螺旋各一对（弯筒显微镜细的调焦螺旋在镜柱的两侧），旋转时可使载物台上升或下降。大的一对是粗准焦螺旋，旋转一圈可使载物台移动 20mm 左右。小的一对是细准焦螺旋，调动载物台的升降距离很小，旋转一周可使载物台移动 0.1mm 左右。

⑧ 聚光器调节螺旋：在镜柱的左侧或右侧，旋转它时可使聚光器上、下移动，借以调节光线。

（2）光学系统（成像）

① 物镜：安装在镜筒下端的物镜转换器上，因为它靠近被视物体所以称为接物镜（物镜）。物镜的作用是将标本第一次放大成倒像。每个物镜由数片不同球面半径的透镜组成。物镜下端的透镜口径越小，镜筒越长，其放大倍数越高。一般有三个放大倍数不同的物镜，即低倍、高倍和油浸物镜，镜检时可根据需要择一使用。物镜可将被检物体作第一次放大，一般其上都刻有放大倍数和数值孔径（N.A.，即镜口率），如国产奥特 B203 双目显微镜物镜有表 1-1 中的 4 种。所谓工作距离是指物镜最下面透镜的表面与盖玻片（其厚度为 0.17 ～ 0.18mm）上表面之间的距离。物镜的放大倍数愈高，它的工

作距离愈小。

表1-1　奥特B203双目显微镜物镜参数

物镜	数值孔径（N.A.）	工作距离/mm	物方视场/mm		分辨力/μm	自由工作距离/mm	
			视场数 $\phi18$	视场数 $\phi20$		消色差物镜	平场物镜
4×	0.10	13	4.5	5	2.8	13	16
10×	0.25	6.3	1.8	2	1.1	6.3	2
40×	0.65	0.44	0.45	0.5	0.42	0.44	0.66
100×	1.25	0.3	0.18	0.2	0.22	0.3	0.42

② 目镜：安装在镜筒上端，因其靠近观察者的眼睛，又称为接目镜。它的作用是将物镜所成的像进一步放大，使之便于观察。目镜放大倍数刻在目镜边框上，如5×、10× 和 16× 等，可根据当时的需要选择使用。目镜内的光阑上可装有“指针”，在视野中则为一黑线，用以指示所要观察的标本部位。目镜内也可安装测微尺，用于测量观察物体的大小。显微镜的总放大倍数 = 物镜放大倍数 × 目镜放大倍数。

③ 聚光器（或镜）：装在载物台下，由聚光镜（几个凸透镜）和虹彩光圈（可变光阑）等组成，它可将平行的光线汇集成束，集中在一点，以增强被检物体的照明。聚光器可以上下调节，如用高倍镜时，视野范围小，则需上升聚光器；用低倍镜时，视野范围大，可下降聚光器。

④ 虹彩光圈：装在聚光器内，位于载物台下方，拨动操作杆，可使光圈扩大或缩小，借以调节通光量。

⑤ 反光镜（反射镜）：是个圆形的两面镜（一面是平面镜，光线强用平面镜，一面是凹面镜，光线弱用凹面镜），安装在聚光器下面，其作用是把光源投射来的光向上反射到聚光器直到标本等，它可以朝任意方向旋转以对准光源。没有聚光器的显微镜使用低倍镜时用平面镜，用高倍镜时则用凹面镜，因为凹面镜也会有聚光作用；有聚光镜的显微镜，一般用平面镜，如果室内光线弱时，则可使用凹面镜。国产奥特 B203 双目显微镜没有反光镜，用电源集光镜组提供可调节光线。

3. 显微镜的使用方法

（1）取镜和放置　按号从镜箱中取出显微镜。取镜时应右手握住镜臂，左手平托镜座，保持镜体直立，不可歪斜（特别要禁止单手提着显微镜走，防止目镜从镜筒中滑出）。放置显微镜要轻取轻放，一般应放在座位的左侧，距桌边 5 ～ 6cm 处，使镜臂朝向自己，提起防尘罩，以便观察和防止掉落。

（2）对光　先将低倍镜对准载物台的通光孔，眼观目镜，在镜内可看到一个圆形的区域，叫做视场。调整反光镜（外光源显微镜）或电源电压（内光源显微镜），使视场中的光线均匀、明亮。外光源显微镜通常采用自然光或日光灯作为光源，反光镜有两面，一面为平面镜，一面为凹面镜，光线比较弱的时候可使用凹面镜。当光线从反光镜表面向上反射入镜筒时，在镜筒内就可以看到一个圆形的、明亮的视野。此时再利用聚光镜或虹彩光圈调节光的强度，使视野内的光线既均匀、明亮，又不刺眼。在对光的过程中，要体会反光镜、聚光镜和虹彩光圈在调节光线中的不同作用。内光源显微镜的光源位于镜座靠后方，在镜座的右侧有光源按钮，此按钮可前后移动，使光阑开闭，用于调节光线的强弱，对光后不再移动显微镜的位置。

（3）放置玻片标本　将玻片标本放置在载物台上，使材料需要观察的部分正对通光孔中央，再用压片夹固定住标本的两端，防止标本移动。

（4）低倍物镜观察　因为低倍物镜观察的范围大，较易找到物像，且易找到需要做精细观察的部位。

① 转动粗准焦螺旋，使镜筒下降，直到低倍物镜距标本 0.5cm 左右为度。

② 双目显微镜同时用两眼进行观察；单目显微镜用左眼从目镜中观察，同时右眼自然睁开，用手转动粗准焦螺旋，使镜筒缓慢上升，直到视野内出现物像，此后调节细准焦螺旋使物像最清晰。当细准焦螺旋向上或向下转不动时，即表明已经达极限；切勿再硬拧，应重新调节粗准焦螺旋，拉开物镜与标本间距离，再反拧细准焦螺旋。

③ 用手前后、左右轻轻移动载玻片标本或调节玻片移动旋钮，便可以找到所观察的部位。要注意视野中的物像为倒像，移动玻片应向相反方向移动。找到物像后如果视野太亮，可降低聚光器或缩小虹彩光圈，反之则升高聚光器或开大虹彩光圈。

（5）高倍物镜观察　高倍镜只能将低倍视野中心的一部分放大，所以在高倍镜使用之前应在低倍视野下选好目标且清晰后再移至视野中央，然后转动物镜转换器，换高倍镜观察（高倍镜的工作距离比较短，操作要格外小心，以免使镜头和玻片碰撞）。在正常情况下，转动成高倍镜后就会看到模糊的物像，只要略微调节细准焦螺旋就能见到清晰的物像。转换成高倍镜后，视野变小变暗，如需要可重新调节亮度，即升高聚光器或放大虹彩光圈。

（6）换片　观察完毕，如需换另一玻片标本时，将物镜转回低倍，取出玻片再换新片，然后先在低倍镜下观察，此时，只需稍加调焦，即可观察。切记千万不可在高倍物镜下换片，以免损坏镜头。

（7）还原　显微镜使用结束后，应先将镜筒升高，取下玻片标本，取下时要注意勿使玻片触及镜头。玻片取下后，再转动物镜转换器，使物镜镜头与通光孔错开，再下降镜筒，使两个物镜位于载物台上通光孔的两侧，并将反光镜还原成与桌面垂直状态，擦净镜体，罩上防尘罩。仍用右手握住镜臂，左手平托显微镜，按号收回镜箱中。

4. 显微镜使用注意事项

① 显微镜是精密仪器，搬动时要轻拿轻放，使用显微镜要严格遵守规程。

② 观察时应同时睁开两眼。右手书写者，以左眼从接目镜观察，以右手操纵粗、细准焦螺旋。用右眼和右手配合进行绘图或文字描述。

③ 显微镜必须经常保持清洁，不用时要及时收回镜箱。机械装置部分可用纱布或绸布清洁；光学部分（反光镜除外）只能用擦镜纸轻轻擦拭，严禁用手或其他物品擦拭，以防污损。

④ 使用高倍镜观察时，必须先在低倍镜观察清楚的基础上再转换高倍镜，之后只能调细准焦螺旋，注意不要让高倍镜头接触玻片，以免损坏镜头。

⑤ 换玻片时要将高倍镜转离通光孔，然后取下或装上玻片，严禁在高倍镜使用的情况下取下或装上玻片，以免损伤物镜。

⑥ 显微镜部件不得拆卸或互相调换，若有故障，应立即报告老师进行处理，不得自行修理。

⑦ 显微镜用毕，应将物镜转离载物台中央的通光孔，上升载物台，放回原处，并做好仪器使用签名登记。

（二）植物绘图技术

1. 植物绘图的特点

植物绘图是从植物研究的要求出发，站在科学的立场上，以科学的观点、角度来进行观察、绘制，是反映植物学研究结果的科学图。在毕业论文和科研报告中，也常需要画一些形态图、轮廓图或细胞结构图，来表示细胞、组织和器官的形态结构，帮助我们理解植物的结构和特点。植物绘图与美术绘图不同，其特点是以生物的研究内容为主题，以艺术的表现手法为辅助，是两者有机结合的产物。

2. 植物绘图的要求

植物绘图是根据研究内容的要求绘制，一定要注意科学性和准确性。绘图前必须认真观察要画的对象（标本或切片等），学习有关文字记载、实验指导等，选出正常的典型材料，正确理解各部位的结构特点、排列及其比例，才能在绘图时保证形态结构的准确性，并说明某一科学问题。因此，植物图绘制的具体要求是：具备高度的科学性（形体的正确、比例的正确、倍数的正确）和真实感，以及真实、清晰的文字标注。

3. 植物绘图技术的步骤和要点

（1）基本要求

① 全面观察标本，选择典型、正常有代表性的部分认真观察。充分了解各部分的结构特点是绘图的前提，科学、认真、实事求是的态度是绘图的保证。

② 实验报告纸要保持平整、清洁。

③ 图和字一律用铅笔绘写，不得使用钢笔、圆珠笔及其他颜色的笔。

（2）基本方法

① 合理布局。每一次实验，通常要求将要绘的图绘在一张实验报告纸上，正面绘制，每幅图包括图体、图名和图注，绘图前应根据要绘图的数量、大小、主次，在报告纸上作合理安排，使每一幅图在报告纸上的位置和大小适中，避免版面失衡。

② 植物绘图通常采用点点衬阴法，也就是绘图一律用线条和点表示。各部分外围轮廓用线条表示，线条要一笔绘出，确保细致、清晰、光滑、连续，避免深浅、虚实不均匀。用铅笔点出圆点，以表示明暗和深浅，暗处点要密，明处要疏，给予立体感。打点时，铅笔垂直，手腕均匀向下适当用力，致使所打之点细小、均匀、圆正，不拖尾。点点衬阴法要求不能用涂抹阴影的方法代替。

③ 绘图时，先将要绘制部分的全形轮廓用铅笔轻轻勾出，包括内部各部分的结构轮廓，布局大致准确后，再逐一绘实。

④ 绘制细胞图时不一定把全部切面画出，可按要求只画其中一部分即可，如 1/2、1/3 或 1/4 等，但要清楚地表明各部分的细胞形状、大小、排列方式以及可能看到的内部结构。轮廓图与细胞图一样，也要注意各部分结构的比例、大小，区别是不用画出每一个细胞，只需用一些轮廓线把各部分结构勾勒出来，但也要表示出各部分结构在整个切面图中的比例和相对位置。

⑤ 图画好后要与显微镜下的实物对照，检查是否有遗漏或错误。

⑥ 每幅图均应有图注，图注由注示线和注释文字组成。注示线一律用平行横线引至图右侧适当的位置，右端上下要对齐，间隔距离保持相等。图中较为集中的部分可先用直斜线向右引出，然后再接用平行横线引至右侧，横线与斜线间的夹角应大于90°。注示线互不交叉，所指部位要清楚明确，一目了然。注释文字一律横向书写于注示线的右端，多字数名称紧缩字距，少字数名称均匀拉开字距，使每一注释的首尾字上下对齐。文字力求用正楷或仿宋字体，书写工整，排列整齐。

⑦ 每幅图的正下方须横向标出详细的图名和图示主题，并宜将该图的缩放比例准确标出。

（3）绘图方法

① 植物细胞图的绘法。细胞壁用双线条表示，线条间的距离表示壁的厚度，相邻细胞的一部分细胞壁应一并绘出，以示所绘细胞并非孤立。细胞器用单线条表示，细胞质、细胞核等结构因颜色较深，故用点的疏密表示。液泡一般不用线条绘出，留出较为透明的区域表示其存在的位置、大小和形状即可。绘图时，要不断观察显微镜，力求各部分结构的大小形状以及与整个细胞的比例都要切合实际。

② 植物器官结构图的绘法。植物各器官细胞数量较多，在绘详图时，薄壁细胞的细胞壁一般用单线条绘出，厚壁细胞用双线条表示细胞壁的厚度，细胞内的结构除特殊情况（如厚角组织细胞内的叶绿体）外，一般可以不表示。在绘纵、横切面简图时，可仅用单线条勾绘出各部分轮廓，而无须绘出细胞，色深部分适当用点的疏密表示。

③ 植物体结构图的绘法。植物体绘图中允许重点描述植物的主要形态特征，而其他部分可仅绘出轮廓，以表示其完整性。

（三）显微数码摄影技术

显微数码摄影技术是数码照相技术与显微摄影技术的有机结合，是近年逐步发展起来的一种用于观察特别是记录显微材料的一项新技术。可广泛地应用于生命科学的各个领域当中。这项技术在真实记录、研究各种生物组织微细结构等方面起着至关重要的作用。

显微数码摄影一般使用数码相机通过摄影接口和显微镜组合在一起，然后将数码相机和计算机相连，利用配套软件进行拍照，拍好的照片可用ACDSee、PowerPoint和PhotoShop等常用软件对图像进行处理，也可使用专门软件处理。该项技术能够在计算机中完成多幅图像比较，图像调整、放大，添加标注，测量长度、面积，进行统计、计算等功能。显微数码摄影的优点是，拍摄的照片即时观看，减少废片，照片即时传入计算机，分析软件即可分析出结果，大大缩短了冲洗照片所耽误的时间，实现了实验的连续性。再者，显微数码摄影拍摄的图片转化为数字化文档，可用 PowerPoint 软件处理用于教学或出版工作。

简单介绍操作步骤如下：

（1）准备　数码相机与三目显微镜相连接，同时在与数码相机相连接的计算机内安装数码相机驱动程序及图像编辑等相关软件，对相机的拍摄模式进行设置。

（2）拍摄和保存　将需要观察的制片置于显微镜下，观察找到所需拍摄的组织细胞后，打开显微镜上的光通路转换开关，将图像导入数码相机。打开光通路转换开关后无法再通过显微镜的目镜观察，只能通过数码相机的显示器或计算机显示器观察组织细胞在镜头中的情况。

从目镜观察到的图像已对准焦点，但显示器显示的图像却未对准焦点，可通过微调焦环调节，直至显示器上的图像对准焦点。还要适当调节屈光度、白平衡、曝光补偿、曝光时间等以使图像在显示器上显示适当大小和亮度等，可加入测微尺和日期，图像调节理想后拍照保存。

（3）图像裁剪拼接　可用图像编辑软件对图像进行裁剪、拼接等处理。在对图像进行处理时，要遵循真实的原则，不得对细胞及组织的局部色调、形状进行修改。

（四）植物显微常规制片技术

植物显微常规制片技术是植物显微技术的一个重要组成部分。在使用显微镜观察植物体内部细微结构前，必须根据植物材料的特性，采用不同的方法，对植物材料进行处理并制成透明的玻片标本。根据植物材料的性质和制作方法的不同，实验室常用的植物显微制片技术可分为徒手切片法、涂抹制片法、临时装片法等。

1. 徒手切片法

徒手切片法，狭义上是指用刀把新鲜材料切成薄片的方法；广义来讲，是不经任何处理或简单处理后，直接用刀或徒手切片器切取新鲜材料，或直接采用镊子撕取新鲜材料表面。徒手切片是植物形态解剖学实验教学中最简便的一种切片方法，对草本植物器官，甚至木本植物较细的嫩枝均可用此法。其优点是工具简单，方法简单易学，所需时间短，即切、即撕，即可观察；还有一个独特优点是可看到材料自然状态下的形态与颜色。因徒手切片具备上述优点，在生物学教学中应用普遍。具体方法与步骤如下：

① 将实验用培养皿中盛上蒸馏水（或清水）。

② 取材，切片或撕片。切取一小段（长约 2cm）植物的茎（或其他器官），用左手拇指、食指和中指夹住材料，材料要稍高于拇指 2mm 左右，右手执双面刀片，刀片要锋利，刀口向内自左向右拉刀。切时用臂力而不用腕力，用力不要太猛，不要直切。切片时只动右手，左手不动，更不要来回拉切。无论切什么材料，切片前刀片及材料都要蘸水。每切几片后，将刀片的材料转移到有水的培养皿中。有些材料过于柔软，则需要夹入较硬又易切的夹持物中，常用萝卜、胡萝卜或土豆等作为夹持物。

③ 选片。在培养皿中挑选出较薄的切片，进行临时装片，放置显微镜下观察。如果是支持物夹着切的，选片时应先将支持物的切片选出后再进行选片。如果切片需要染色和保存下来，切片要先固定。

④ 固定和染色。将已经检查合格的切片，移入培养皿中，用滴管分别吸取 50%、70% 乙醇溶液放入培养皿，每级固定脱水 2 ～ 3min（或更长时间），换入 1% 番红的 70% 乙醇溶液染色 5 ～ 10min（或更长时间），用 70% 乙醇溶液洗涤两次，经 85%、95% 乙醇溶液脱水，每级 2 ～ 3min，用 0.5% 固绿的 95% 乙醇溶液染色 0.5 ～ 1min，用 95% 乙醇洗涤两次，使颜色深浅适度，最后浸入无水乙醇 1 ～ 2min，洗涤两次。

⑤ 透明和封片。脱水至无水乙醇时需换干燥培养皿，以保证脱水完全。换入二甲苯透明液体中 2 ～ 3min，再将材料轻轻挑起放入清洁干燥的载玻片上，加 1 ～ 2 滴加拿大树胶，盖上盖玻片，视盖玻片与加拿大树胶的扩散情况轻压不匀边缘，晾干或微暖烘干。

2. 涂抹制片法

涂抹制片是将植物器官或组织处理后（例如先染色），把它涂抹或压成一薄层，或不经过任何处理压成一薄层的方法。这可以作为临时观察研究的方法，也可以经过一系列脱水、透明程序后制成永久封片。本法对根尖、茎尖、叶原基、花药等材料很适用，尤其是细胞学研究的重要方法（如染色体计数、核型分析等）。其缺点是制片后组织杂乱，过多地改变了原来的形态结构。

涂抹制片法（如根尖为材料）一般步骤为：前处理→固定→分离→软化→染色→封片。详细步骤如下。

（1）前处理：根尖固定、染色之前，用秋水仙素处理，因为秋水仙素能够专一抑制纺锤体的形成，分裂中的细胞可以被阻止在中期，并使细胞膨胀，染色体缩短分开，以便观察计数。秋水仙素常用0.01%～0.10%浓度处理1～4h。前处理也可用8-羟基喹啉代替，其浓度为0.004%～0.005%，处理3～4h。当用秋水仙素进行前处理时，假如时间控制不好，染色体会过分缩短，且会出现染色体数目的加倍，必须注意时间不能太长。

（2）固定：经过前处理的材料，一般再经过约1h的短时间固定，尽快杀死细胞，尽可能保持原有结构。通常用的固定液为95%乙醇和冰醋酸（3∶1）配制而成。如不立即涂片观察，材料固定1h后，移入70%乙醇，置于冰箱低温下保存，但一般保存时间不要过长，否则不易涂片和着色。

（3）分离软化：经过固定的材料还需软化，通常用10%盐酸或者95%乙醇和浓盐酸等量混合配制成的溶液，浸泡20～30min。目的是破坏细胞间的果胶层，使细胞分离软化，便于涂片。

（4）染色与涂片：将软化过的材料，用清水洗涤后，放在载玻片上，用刀片切下根尖染色深的很小一点，其余部分去掉，加上地衣红染色剂，染色数分钟后（时间随不同材料而异），盖上洁净盖玻片，用手指轻压一下，再用铅笔的平头一端，从中心往边缘轻压，用力不能过猛，在此期间，不要移动盖玻片，涂压成均匀的涂片，便可镜检。

（5）永久片的制作：经镜检，发现理想的片子，可制成永久片，以便较长时间保存，作为观察研究用。制作过程即准备5套直径约12cm的培养皿，每套培养皿中放一根短玻棒，按顺序倒入50%乙醇→95%乙醇→无水乙醇→1/2无水乙醇+1/2叔丁醇→叔丁醇。将盖玻片向下放入50%乙醇的培养皿中，一端放在玻棒上，使盖玻片自然脱落，然后将盖玻片或载玻片（看材料黏在哪个玻片上）依次脱水各5～10min，最后用滤纸吸去多余的叔丁醇，滴上加拿大树胶封片。

3. 临时装片法

临时装片法是将实验材料（已切好的徒手切片或一些低等植物如衣藻、水绵等小型实验材料）放置在载玻片上，加一滴水，然后加盖盖玻片，做成临时装片进行显微镜观察。具体操作方法如下：

先用滴管在洁净载玻片中央滴一滴清水，然后把准备好的材料放在载玻片上的水滴中，用拨针或镊子将材料展开，使各部分都在同一平面上。用镊子夹起盖玻片，使盖玻片的一边接触水滴边缘，然后轻轻放下盖玻片。这样，盖玻片下的空气被水挤掉，可以避免产生气泡。

如果所做的临时切片需要染色，可在盖玻片一端加一滴染色剂，在盖玻片另一端用吸水纸吸水，让染色剂迅速扩散，进到材料中进行染色。也可以在加盖盖玻片前加染色剂。

五、实验作业

① 请简述使用光学显微镜的要点及观察操作时注意的要点。

② 绘制洋葱鳞叶外表皮细胞图 2 ～ 3 个，并标注各部分名称。

六、思考与讨论

① 光学显微镜的成像原理是什么?

② 植物显微常规制片技术与光学显微技术有何关系?

实验二

植物细胞结构

细胞是构成生物体的基本单位，一切生物体（病毒除外）都是由细胞构成。在植物体中，各个细胞有着分工，各自行使特定的功能，同时，细胞间又保持着结构和功能上的密切联系，它们相互依存，协调一致，共同完成植物体的生长、发育等一系列复杂的生命活动。所以，细胞不仅是植物体形态结构的基本单位，也是生理功能及一切生命活动的基本单位。此外，细胞的分化程度与组合状态又常随不同植物类群而有所差别。因此，细胞在反映植物的系统进化关系上也具有重要意义。总之，要研究植物生命活动及演化规律，就必须认识和了解植物细胞。

一、实验目的

① 观察植物细胞在光学显微镜下的基本结构。

② 了解植物细胞的质体及后含物的特点与分布，纹孔及胞间连丝的特征，以及植物细胞有丝分裂过程。

③ 学习制作植物临时装片。

二、实验材料

① 新鲜材料：洋葱鳞茎、花生种子、菜豆种子、白菜、青椒、番茄、马铃薯、空心莲子草、紫鸭趾草、印度橡胶榕等；

② 永久装片：柿胚乳永久装片、洋葱根尖纵切片、黑枣胚乳细胞横切片等。

三、实验仪器、用具和药品

① 仪器：光学显微镜。

② 用具：擦镜纸、镊子、解剖针、载玻片、盖玻片、刀片、培养皿、吸水纸、滴管、纱布。

③ 药品：醋酸洋红染色液、稀碘液、蒸馏水。

四、实验内容与方法

（一）细胞显微结构的观察

1. 制片方法

先取一洋葱鳞茎，用解剖刀切取肉质鳞片叶的一小块，从内凹的一面用镊子轻轻刺人表皮层，然后捏紧镊子夹住表皮，并朝一个方向撕下，将撕下的表皮迅速放在滴有水滴的载玻片上。撕表皮时要注意：

① 不要把表皮撕得过大，如撕下的一块表皮面积大于盖玻片时，则应放在有水的载玻片上，用刀片切成小块，才便于观察；

② 撕时操作要迅速，勿将撕下的表皮在空气中暴露过久，致使生活细胞由于失水而受到损伤；

③ 撕开的一面最好朝上放在载玻片上，以利于染色和进行组织细胞的观察；

④ 撕下的表皮一定要平铺在有水的载玻片上，如发生褶皱或重叠可用解剖针将其铺平，褶皱和重叠都将影响观察效果；

⑤ 最后盖上盖玻片，吸去多余的液体。要求临时水装片时，玻片内的薄层液体没有气泡，标本薄而透明。

2. 显微观察

在低倍物镜下观察洋葱表皮的细胞，好像一网状结构，每一网眼即为一个细胞，网络为细胞壁。细胞排列紧密没有细胞间隙。选择最清晰的部分移到视野中央，然后换高倍物镜对细胞的内部结构进行仔细观察。操作时注意：

① 细聚焦器的使用，一般只限于在高倍物镜下使用。使用细聚焦器可以把焦距调好，还可以利用不同的“光切面”建立细胞的立体结构概念；

② 光圈的调节，使用光学显微镜时，进入物镜中的光线强度要适当，过强或过弱都会影响成像的清晰度。

3. 洋葱鳞片内表皮细胞的结构

① 细胞壁：在细胞的最外层，撕下的表皮层如果细胞完整，则每一细胞为一长而扁的盒子。所看到的细胞壁，都是两相邻细胞所共有的，也就是由三层所组成，两层初生壁和中间的中层（胞间层）。在高倍物镜下可以看到细

胞壁的厚度并不均匀，有时还可以看到壁上的初生纹孔场。

② 液泡：细胞壁以内为原生质体，在成熟的表皮细胞中，可以看到细胞中体积最大的是液泡，它将细胞质、细胞核等挤到外围与细胞壁紧紧地贴在一起。

③ 细胞核：在成熟细胞中，位于细胞的边缘，在细胞核中还可以看到一两个或更多个圆球形颗粒，为核仁。

④ 细胞质：紧贴细胞壁的一层较为黏稠物质，其中除含有细胞核外，还可看到许多细小的颗粒，其中有的为线粒体。有时在撕表皮的过程中把细胞撕破，有些结构已从细胞中流出，所以看不出这些结构（图 1-2）。

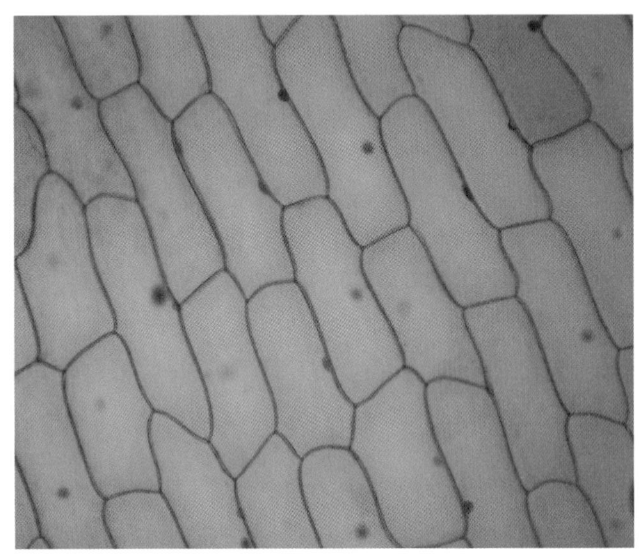

图 1-2　洋葱鳞叶内表皮细胞的构造（10×10）

（二）质体的观察

1. 白菜叶柄表皮细胞——示白色体

撕取白菜白色的幼叶或叶柄的表皮制成装片，在显微镜下观察，可见核周围的透明的颗粒状结构是白色体（图 1-3）。

2. 青椒果肉细胞——示叶绿体

显微镜下观察，青椒果肉细胞内分布较多叶绿体，在观察细胞结构的同时，会发现有些细胞内部分叶绿体在移动（图 1-4）。

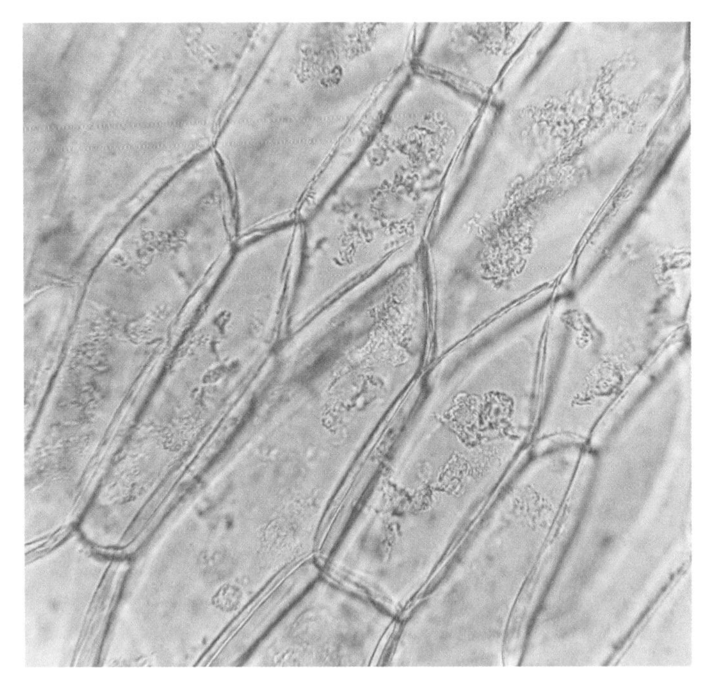

图 1-3　白菜叶柄表皮细胞的白色体（10×40）

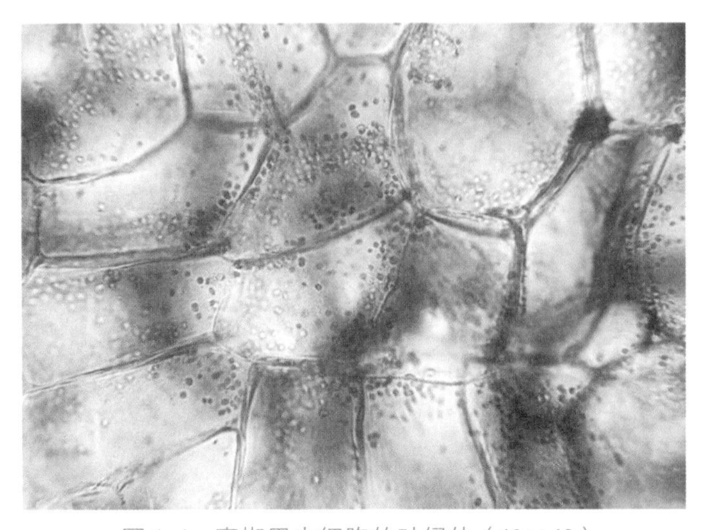

图 1-4　青椒果肉细胞的叶绿体（10×40）

3. 番茄果肉细胞——示有色体

用番茄果肉作徒手切片制成临时装片，在显微镜下可看到有色体呈颗粒状、条状、块状等，呈橙红色（图 1-5）。

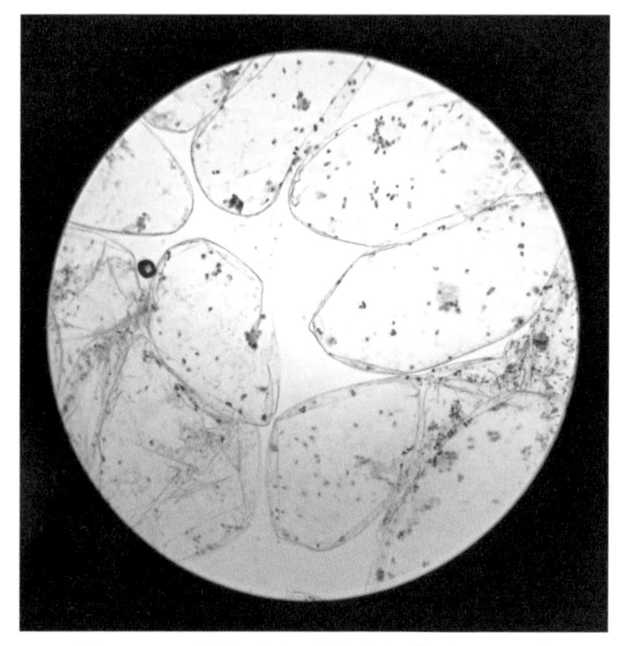

图 1-5　番茄果肉细胞的有色体（10×40）

（三）纹孔与胞间连丝观察

显微镜下观察青椒果肉细胞壁上不增厚区域，形成一个个孔洞，为纹孔（图 1-6）。另外，取柿胚乳横切面永久装片在低倍物镜下进行观察，可以看到柿胚乳组织是由许多厚“壁”细胞组成，在厚的细胞壁上的平行细丝即为胞间连丝。

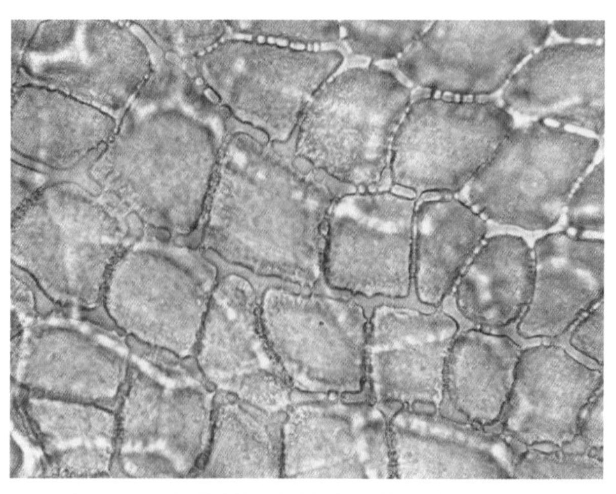

图 1-6　青椒细胞壁纹孔的构造（10×40）

（四）后含物的观察

1. 马铃薯块茎细胞——示淀粉粒

用解剖刀在切开的马铃薯块茎表面轻轻刮一下，将附着在刀口附近的混浊汁液放在载玻片上，加一滴水放上盖玻片即可观察。显微观察，可以看到椭圆形的淀粉粒有明暗交替的同心圆花纹，而且围绕着一个中心，这个中心叫做脐点（图 1-7）。马铃薯的脐点不在中央而是偏心的。仔细观察淀粉粒的类型如下。

① 单粒淀粉粒：只有一个脐点；

② 复粒淀粉粒：每个脐点只有各自的同心圆而没有共同的同心圆包围；

③ 半复粒淀粉：具两个或两个以上脐点的淀粉粒，在中央部分每个脐点由各自的同心圆所包围，而在外围则有共同的同心圆。

观察后用碘 - 碘化钾溶液染色。所用染液不宜浓度过高，过浓时会将淀粉粒染为蓝黑色，不利观察。较稀的染液可把淀粉粒染为浅蓝色，其同心圆结构清晰可见。

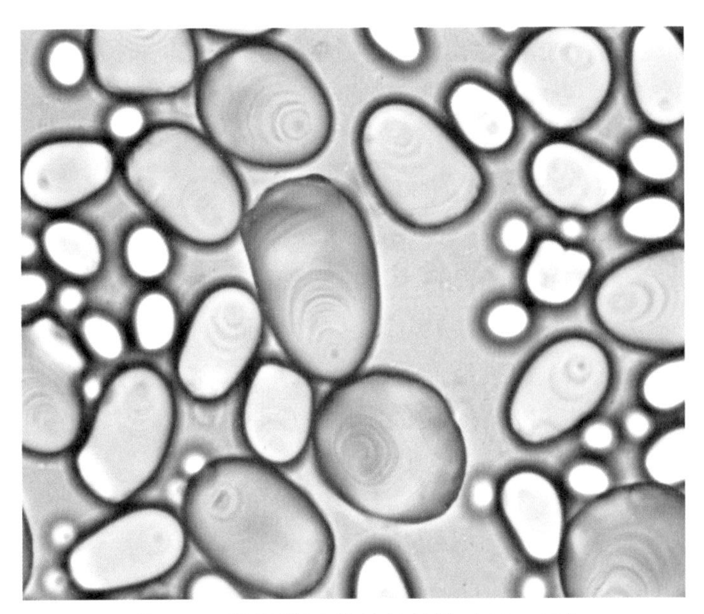

图 1-7　马铃薯淀粉粒的构造（10×40）

2. 菜豆种子制片——示糊粉粒

取浸胀的菜豆子叶制片，显微观察其结构，可看到它们由许多薄壁细胞组成，细胞内部有大小不等的颗粒，其中较小的颗粒看不到同心圆结构和中央裂隙的就是糊粉粒，在糊粉粒中可以看到圆形的或晶体的结构。滴碘 - 碘化钾溶液染色后，进行显微观察，淀粉粒被染为蓝紫色，而糊粉粒被染为金黄色。

3. 花生子叶制片——示脂肪

一般是以油滴状存在于植物细胞中。取花生种子子叶做徒手横切，滴加醋酸洋红染色并制成封片，显微镜下观察，可见胚乳细胞中有被染成橘黄色的小滴，即为贮藏的油滴。

4. 结晶体

① 取喜旱莲子草，将其茎作徒手横切，制作临时装片，置于显微镜下观察，可见到花朵状的草酸钙簇晶。

② 取紫鸭跖草，将其茎作徒手横切，制作临时装片，置于显微镜下观察，可以看到在较大的细胞中以及在切片附近的水中有针形的结晶，这就是针晶。

③ 取印度橡胶榕的叶片，将其作徒手横切，制作临时装片，或用永久切片，置于显微镜下观察，在排列整齐的叶肉细胞（内含许多叶绿体，很易辨认）中间有较大而发亮的空腔，有些空腔中可看到有椭圆形不透明的结晶，有突起的结构，即为钟乳体，为碳酸钙结晶。

（五）细胞有丝分裂观察

取洋葱根尖永久制片，在显微镜下观察，可以根据染色体的分布情况及细胞核的变化（核仁、核膜是否消失等），大致了解分生区中细胞分裂情况。观察时可参考教科书和有丝分裂的照片，掌握分裂过程中各个时期的特征，并在显微镜下识别出每一个分裂时期。

五、实验作业

① 绘制洋葱鳞叶的几个表皮细胞，并注明各部分名称。

② 绘制青椒果实果皮细胞，示细胞壁和纹孔。

③ 绘制马铃薯的各种淀粉粒，示脐点和轮纹。

六、思考与讨论

① 洋葱鳞叶的红色与番茄的红色其显色原理是否一样?

② 不同的植物淀粉粒的形态结构是否相同?

③ 简述植物细胞与植物组织的关系及植物组织的类型。

实验三
植物的组织

细胞分化导致植物体中形成多种类型的细胞，也就是说细胞分化导致了组织的形成。人们一般把在个体发育中具有相同来源的（即由同一个或同一群分生细胞生长、分化而来的）同一类型，或不同类型的细胞群组成的结构和功能单位，称为组织。植物每一类器官都包含有一定种类的组织，不同的组织行使不同的生理功能，这些组织既相互依赖又相互配合，分工协作，共同保证器官的生长发育。

一、实验目的

① 掌握保护组织的形态特征及其在植物体内的分布部位。

② 掌握机械组织、输导组织和分泌组织的细胞形态特征；熟悉机械组织和输导组织、分泌组织的类型。

③ 进一步学习徒手切片法和临时装片法。

二、实验材料

① 新鲜材料：羊蹄甲或洋紫荆等木本植物茎（3 年生以上）、具有表皮毛的叶（向日葵、茄、天竺葵等）、雪梨果实、柑橘果实、芹菜叶柄或者薄荷茎、一品红。

② 永久装片：玉米根尖纵切永久制片、丁香茎尖纵切永久制片、南瓜茎横切及纵切永久制片、松茎横切永久制片、睡莲茎纵切永久制片、蚕豆叶下表皮永久制片。

三、实验仪器、用具和药品

① 仪器与用具：显微镜、剪刀、镊子、刀片、载玻片、盖玻片、滴管、培养皿。

② 药品：碘 - 碘化钾（I_2-KI）染液、钌红水溶液、醋酸洋红染色液、番红染色液、固绿染液、蒸馏水。

四、实验内容与方法

1. 分生组织

（1）取玉米根尖纵切永久制片，先在低倍镜下找出细胞最小、染色最深的圆锥形区域，再用高倍镜观察。植物根尖顶端有一帽状的根冠，紧贴根冠的部分是一群没有任何分化、有强烈持久分裂能力的细胞，为原分生组织。原分生组织上方略有分化的组织，为初生分生组织，初生分生组织最外一层细胞为原表皮，中央染色较深的柱状部分为原形成层，原表皮和原形成层之间的区域为基本分生组织。

① 原分生组织：细胞为等径多面体形，排列紧密，细胞壁薄，没有胞间隙。

② 原表皮：细胞砖形，排列紧密，细胞分裂多为垂周分裂，以增加原表皮层的面积。

③ 基本分生组织：细胞为多面体形，从纵切面看常呈长方形，细胞壁薄，液泡开始增大，细胞可以进行各种方向的分裂，以增加基本分生组织的体积。

④ 原形成层：细胞多进行纵向分裂，细胞长度不断增加，细胞为细长的棱柱状，细胞质较浓，所以在切片上染色最深。

（2）将羊蹄甲茎的“树皮”剥开，能感受到最易剥开的部位，特别是春天植物生长旺盛的时候，即为形成层所在的部位。从“树皮”被撕开的面上用刀刮取一薄层细胞制作临时装片，可以从中观察形成层细胞的形态特点。

2. 保护组织

观察蚕豆叶下表皮永久制片。注意细胞间的排列、细胞间有无间隙。注意气孔器的横切面，保卫细胞的结构，孔下室的位置。

3. 输导组织

（1）导管与管胞的观察：取南瓜茎横切永久制片，在低倍显微镜下，可以看到维管束中有数个直径很大的导管，中空，被番红染色液染成红色、具有花纹、成串排列的管状细胞，它们多为各种类型的导管分子。3 ～ 5 个导管分子以穿孔相互连接，上下贯通，组成了导管。制片中比较多见的有环纹导管、螺纹导管和孔纹导管，也有孔径较小、端壁没有穿孔的管胞。

（2）筛管与伴胞的观察：取南瓜茎横切永久制片，在显微镜下观察，南瓜茎的维管束双韧型，每个维管束的中部为木质部，木质部的内外两侧为韧皮部，微管形成层多在外侧韧皮部和木质部之间。将外韧皮部调到视野中央，找到筛管和伴胞。筛管为多边形的薄壁细胞，常被固绿染成淡绿色或蓝绿色，在它旁边往往贴生着一个四边形或三角形小型的伴胞，伴胞染色较深，细胞质浓，具有细胞核。个别筛管正好切在筛板处，可见染色较深的筛板及其上的许多细小的筛孔，换高倍镜观察筛板及筛孔的结构。

（3）筛胞的观察：取松茎树皮的纵切制片观察，可见薄壁的筛胞呈纵向排列，其壁上有许多筛域，每个筛域上密集生有许多很小的筛孔（图 1-8）。

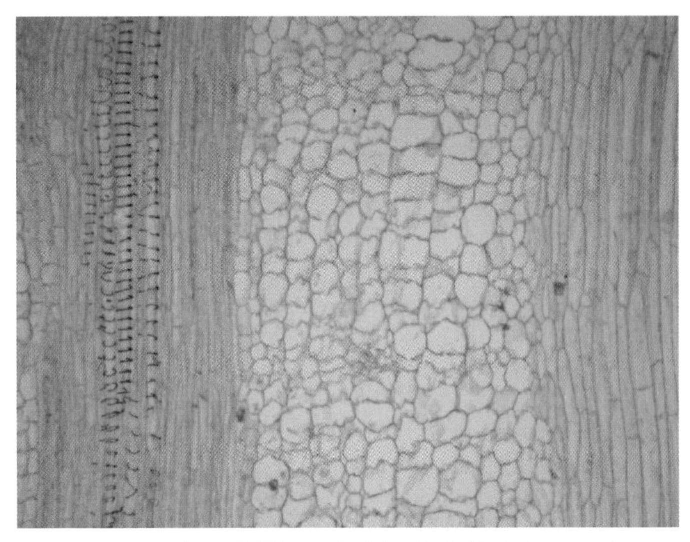

图 1-8　南瓜茎纵切面永久切片显微图（10×4）

4. 厚角组织的观察

将新鲜的芹菜叶柄或花生茎制成徒手切片，直接制片或用 0.001% 的钌红溶液染色 5min，在显微镜下观察厚角组织所在的位置，在表皮和维管束之间有一团厚角组织，细胞壁较厚，并有光泽，可被钌红溶液染成红色。

5. 厚壁组织的观察

用单面刀片轻刮雪梨果肉细胞，然后制成水装片，在显微镜下观察雪梨果肉细胞中石细胞形态（图 1-9）。

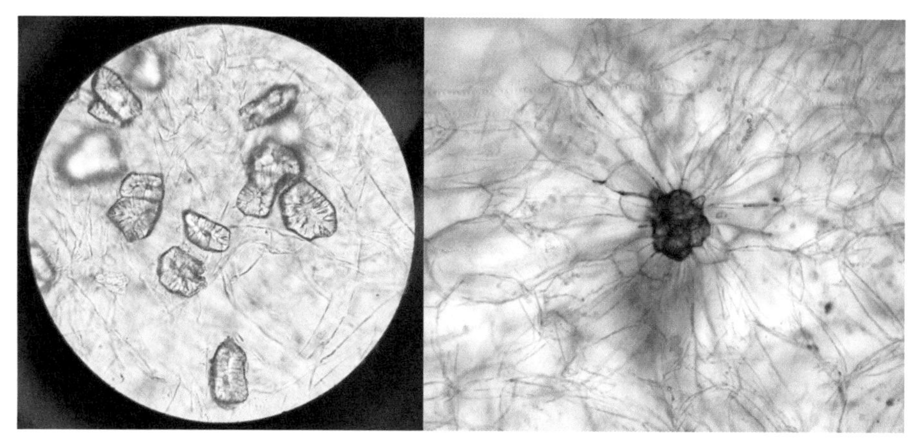

图 1-9　雪梨果肉组织中石细胞群显微图（左图 10×4）

6. 分泌组织

① 在松幼茎横切永久制片，木质部及韧皮部中都有树脂道。树脂道的上皮细胞分泌树脂至空腔中。注意观察上皮细胞的特点。

② 取柑橘外果皮，观察其上透明的小囊，挤压果皮，观察小囊中有什么物质溢出。将果皮制成临时装片，在显微镜下观察（图 1-10），小囊为一空腔，观察其中有什么物质。

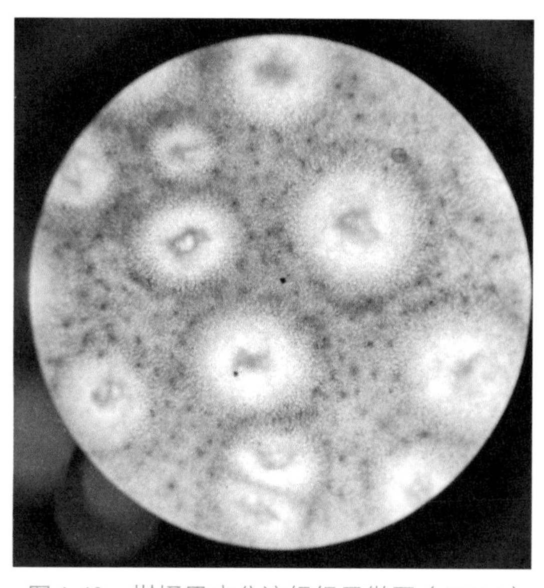

图 1-10　柑橘果皮分泌组织显微图（10×4）

③ 一品红总苞蜜腺纵切永久制片，观察腺表皮细胞。腺表皮细胞呈长柱

状，核大，质浓，染色较深。

五、实验作业

① 绘南瓜茎纵切面图，示导管、筛管、伴胞以及薄壁细胞。

② 绘蚕豆叶下表皮部分细胞，示气孔器和表皮细胞之间的排列关系。

六、思考与讨论

① 列表比较导管、管胞、筛管和伴胞在形态、结构、输导功能以及在植物体分布上的异同。

② 比较厚角组织、厚壁组织在形态结构与功能上的异同。

实验四
种子的形态构造和幼苗类型

种子是种子植物特有的繁殖器官之一，由胚珠发育而成，一般由胚、胚乳和种皮 3 部分组成。胚是种子中最重要的组成部分，是未成长的新植物体的原始体，由胚根、胚轴、胚芽和子叶 4 部分组成。胚乳是种子中贮藏营养物质的部分，有些植物的胚乳在种子发育成熟过程中已被胚吸收利用，所以种子成熟后无胚乳。种皮是种子的保护层，表面有种孔和种脐，有的还有种脊、种阜等附属结构。

幼苗是由胚长成的幼小植物体，其主根由胚根长成，茎和叶由胚芽长成，根与茎的过渡区由胚轴长成，子叶出土或留土，故有子叶出土幼苗和子叶留土幼苗之分。

一、实验目的

① 通过对南方常见植物种子的解剖观察，熟悉种子的基本形态结构和主要类型。

② 了解单子叶植物和双子叶植物种子的萌发过程，区分幼苗类型。

二、实验材料

① 浸泡种子或果实：绿豆（*Vigna radiata*）、花生（*Arachis hypogaea*）、白扁豆（*Lablab purpureus*）、莲（*Nelumbo nucifera*）、蓖麻（*Ricinus communis*）、水稻（*Oryza sativa*）、玉米（*Zea mays*）等植物。

② 永久装片：蓖麻种子纵切片、玉米种子纵切片、小麦种子纵切片、苧麻种子横切片。

③ 植物幼苗：绿豆、花生、白扁豆、水稻等。

三、实验仪器、用具和药品

① 仪器与用具：光学显微镜、放大镜、擦镜纸、镊子、解剖针、载玻片、盖玻片、刀片、培养皿、吸水纸、滴管、纱布。

② 药品：蒸馏水、醋酸洋红染色液、稀碘液。

四、实验内容和方法

（一）种子的结构和类型

1. 双子叶植物有胚乳种子

蓖麻种子的形态和结构观察：取浸泡好的蓖麻种子，先观察其形态，最外面一层是光滑、坚硬且有花纹的种皮，种子一端有一海绵状突起叫种阜，种孔被种阜遮盖，种脐不明显，种子压扁的一侧有一长条状的棱脊叫种脊。剥去种皮可见一层白色膜质物是外胚乳，在外胚乳之内为胚乳部分。用刀片将胚乳沿狭窄面纵切为两半，可以看到仅贴胚乳内方有两个薄片，即两片子叶，子叶具有明显脉纹。两片子叶近种阜端有一圆锥状突起，即胚根。胚根后端夹在两子叶间的一个小突起为胚芽，连接胚芽与胚根的部分为胚轴（图 1-11）。

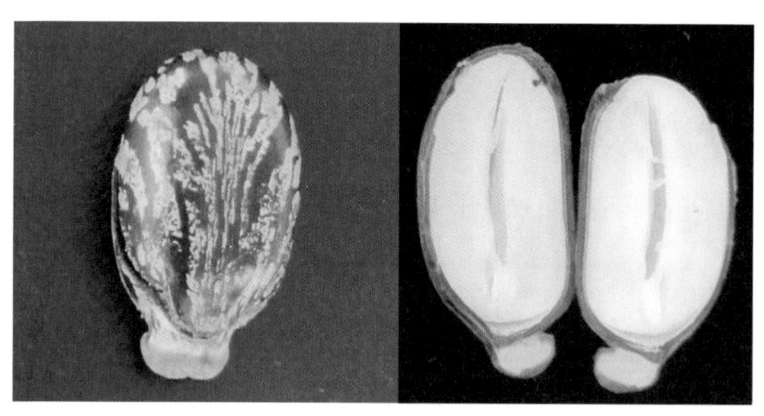

图 1-11　蓖麻种子形态和结构

2. 双子叶植物无胚乳种子

选用绿豆、花生或白扁豆等植物的种子，于实验前 1 ～ 2 d 将它们浸泡于清水中，让其充分吸胀与软化，便于解剖观察。

（1）绿豆种子的形态与结构　取一粒已泡胀的绿豆种子仔细观察，绿豆种子外形呈肾形，种皮革质，绿色。在种子稍凹的一侧具一长圆形的斑痕叫种脐，它是种子成熟时从果皮脱离后留下的痕迹。在种脐的一端有一个小孔叫种孔，是珠孔的遗迹，种子萌发时，胚根多从此孔伸出。用手挤压种子两侧，可见有水泡自种孔溢出。剥去种皮，可见两片肥厚的子叶（豆瓣），掰开两片子叶，可见两片子叶着生在胚轴上，胚轴上端为胚芽，有两片比较清晰的幼叶，如果用解剖针挑开幼叶，用放大镜观察，可见胚芽生长点和突起的叶原基。胚轴下方为胚根。当种子萌发时，胚根最先突破种皮。绿豆种子里面只有胚，没有胚乳。

（2）花生种子的形态和结构　观察花生种子外形，可见种皮红色或红紫色，在种子尖端部分有一微小白色细痕就是种脐，种孔不明显。剥去种皮，可见两片肥厚子叶，乳白色而有光泽。胚轴短粗，子叶着生于两侧，胚轴下端为胚根，上方为胚芽，胚芽夹在两片子叶之间（图 1-12）。

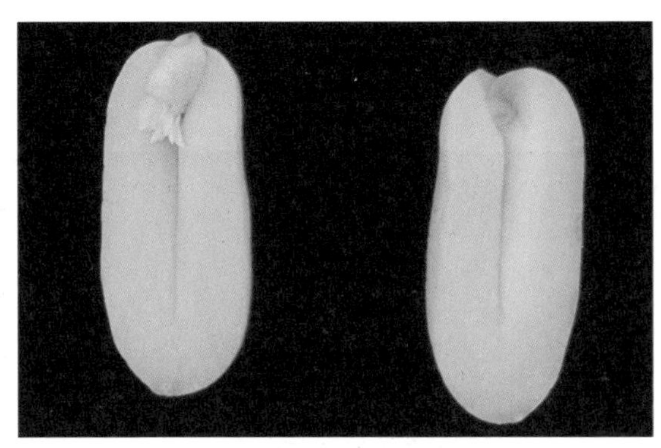

图 1-12　花生种子形态和结构

（3）白扁豆种子的形态和结构　观察白扁豆种子外形，可见种皮白色或淡黄色，平滑略有光泽，一侧边缘具眉状隆起的白色半月形种阜，剥除后可见凹陷的种脐，种阜的一端有 1 珠孔，另一端有短的种脊。剥去种皮，内有肥厚子叶 2 枚（图 1-13）。

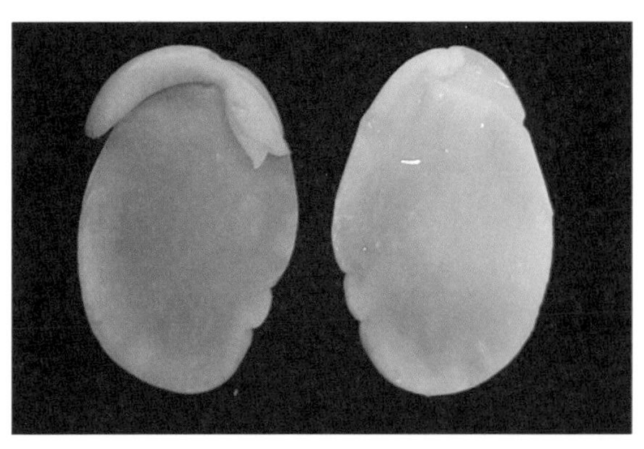

图 1-13　白扁豆种子浸种后胚和子叶的结构

3. 单子叶禾本科植物颖果和种子

（1）禾本科植物颖果的外部形态　禾本科植物的“种子”实际上是含有1粒种子的果实，它们的种皮与果皮紧密结合，种子不能分离出来，这种果实称为颖果。水稻的谷粒和玉米籽实均为颖果。水稻颖果的外面还有2片稃片。种子内部大部分为胚乳，胚只占很小部分。观察这两种颖果的形态，辨认它们的胚所在的部位。

（2）禾本科植物颖果的内部结构　取玉米颖果纵切，详细识别颖果内部各部分的结构。用刀片将浸软的玉米种子从中央纵向剖开。在剖面上滴一滴碘液，用放大镜观察被碘液染成蓝色的胚乳以及未被染成蓝色的果皮和种皮、胚根、胚芽、胚轴和子叶（图1-14）。同时，区分玉米种子和绿豆种子在形态和结构的差异，见表1-2。

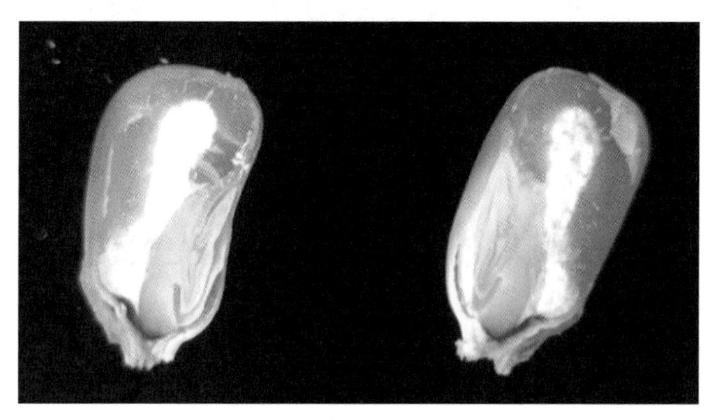

图1-14　玉米种子形态和结构

表1-2　绿豆和玉米种子的异同点

类别	相同点	不同点
绿豆种子	有种皮和胚	子叶2片，没有胚乳
玉米种子	有种皮和胚	子叶1片，有胚乳

（二）幼苗形态及幼苗类型

1. 种子萌发过程

观察绿豆、白扁豆、水稻种子萌发过程。可以看到种子先吸水膨胀，胚根突破种皮，继而胚芽因胚轴生长而外伸，直到长出具有幼根、幼茎和幼叶的幼苗。

这项实验要求学生在实验课外完成，教师将种子和培养皿等用具以组为单位发给学生，让学生亲自做，天天观察，直到长成幼苗为止。

2. 幼苗的类型

常见的幼苗类型有子叶出土幼苗和子叶留土幼苗。观察比较绿豆、白扁豆、水稻或玉米等植物幼苗，说明哪些是子叶出土幼苗？哪些是子叶留土幼苗？并仔细区分子叶、真叶、上胚轴和下胚轴。

五、实验作业

① 绘绿豆或花生种子结构图，并注明各部分名称。

② 绘小麦或玉米果实结构图，并注明各部分名称。

③ 以绿豆和白扁豆种子、玉米籽粒为例，比较双子叶植物种子和单子叶禾本科植物籽粒胚在构造上的异同点。将结果填入表 1-3 中。

表1-3　双子叶植物种子和单子叶禾本科植物籽粒胚在构造上的异同点

项目	绿豆	白扁豆	玉米
种皮细胞层数、颜色、特点			
种脐部位			
种孔部位			
种脊			
种阜			
子叶数目，形状			
胚乳			

六、思考与讨论

① 子叶出土幼苗和子叶留土幼苗是怎样形成的？

② 通过实验怎样理解胚是一个幼小的植物体？

③ 花生和玉米等植物种子的子叶各有何主要功能？

实验五 根尖与根的结构

根是植物适应陆地生活在演化过程中逐渐形成的器官，它具有吸收、固着、输导、合成、储藏和繁殖等功能。从根的顶端到着生根毛的部位，叫做根尖，根的生长和根内组织的形成都是在根尖中进行的。根尖一般分为根冠、分生区、伸长区和成熟区四个部分。经过根尖顶端分生组织的分裂、生长和分化，植物体发育出成熟的根结构，这个过程称为初生生长。初生生长形成的各种成熟组织都属于初生组织，它们共同组成的器官结构称为初生结构。大多数双子叶植物和裸子植物的根在初生结构成熟后，要继续进行次生生长，形成次生结构，包括次生维管组织和周皮。

一、实验目的

① 了解根尖的外形、分区及内部构造。

② 掌握单子叶植物与双子叶植物根的初生结构的异同，以及双子叶植物根的初生结构与次生结构的异同。

③ 了解维管形成层的发生及活动、侧根的产生部位。

二、实验材料

① 新鲜材料：带根菜豆幼苗、带根绿豆幼苗。

② 永久装片：玉米根尖纵切片、蚕豆根尖纵切片、水稻老根横切片、花朱顶红（朱顶兰）根横切片、蚕豆根横切片、毛茛根横切片、蚕豆侧根形成切片、鸢尾根横切片、栎根横切片、棉花老根横切片。

三、实验仪器、用具和药品

① 仪器与用具：生物光学显微镜、擦镜纸、镊子、解剖针、载玻片、盖玻片、刀片、培养皿、吸水纸、滴管、纱布。

② 药品：蒸馏水、醋酸洋红染色液、稀碘液。

四、实验内容与方法

（一）根尖的结构

取玉米或蚕豆根尖永久制片，或取菜豆和绿豆新鲜材料，对其幼根的根尖做徒手切片，在镜下观察辨认各区细胞特点（图 1-15、图 1-16）。

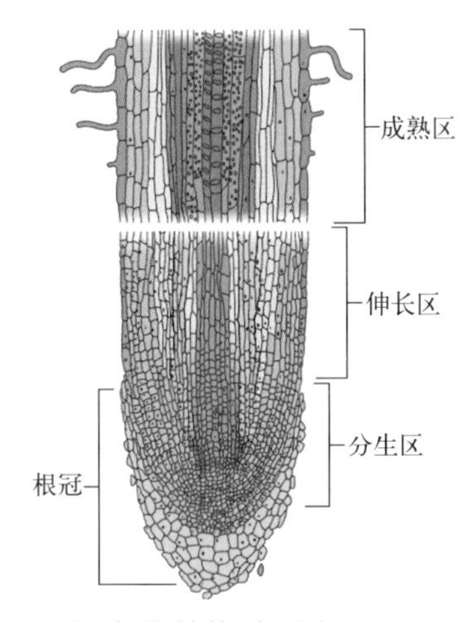

图 1-15　根尖的结构（引自：Stern，2008）

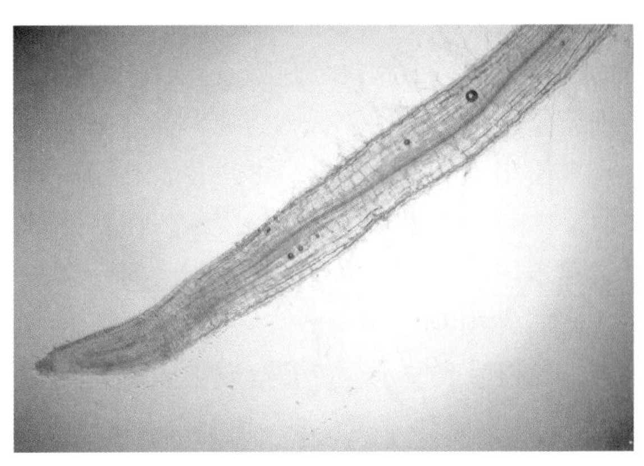

图 1-16　菜豆根尖分区结构（10×10）

1. 根冠

在根的最前端，好似一个帽子套在分生区的外表，由薄壁细胞组成。

2. 分生区

根冠以内由排列紧密的近等径的薄壁细胞组成，其细胞核大、细胞质浓厚。这一区细胞分裂能力强，可见到正在进行有丝分裂的细胞。

3. 伸长区

在分生区之上，细胞在纵向逐渐伸长并液泡化，伸长区细胞已逐步分化成不同的组织，向成熟区过渡。在有的切片中可看到宽大的成串长细胞，是在分化中幼嫩的导管细胞。

4. 成熟区（根毛区）

位于伸长区上方，表面密生根毛。此区细胞已分化成各种成熟组织，转换高倍镜可以观察到螺纹、环纹导管。

（二）根的初生结构

1. 单子叶植物根的初生结构

取小麦或鸢尾根横切永久切片，在显微镜下由外向内观察下列结构。

（1）表皮：根的最外一层细胞，由原表皮发育而来，是生活细胞，细胞壁薄，近似长方柱形，排列整齐，无细胞间隙，常见有突起的根毛。

（2）皮层：表皮以内维管柱以外是皮层，占根横切面较大的比例。皮层由多层大而壁薄的细胞组成，细胞排列疏松，具较大的细胞间隙。皮层最外一层紧靠表皮的细胞常排列整齐，无细胞间隙，称外皮层，在较老的根中外皮层细胞壁增厚，木质化或栓质化，以后可代替表皮起保护作用，常被番红染成红色。皮层的最内一层细胞较小，排列紧密，在其径向壁和横向壁上有部分带状的加厚，并木质化和栓质化，围绕细胞一周，这就是凯氏带，在横切面上可见到被番红染成红色的马蹄形细胞。内皮层细胞的原生质体较牢固地附着在凯氏带上，使根吸收的水分及其溶质必须通过内皮层细胞的原生质体才能进入输导组织，因而凯氏带起着加强控制根内物质转移的作用。

（3）维管柱：皮层以内的中央部分为维管柱，它由中柱鞘、初生木质部和初生韧皮部组成。

① 中柱鞘：是内皮层里面的一层薄壁细胞，形状较扁，排列较整齐，比内皮层细胞略小。这些细胞具有潜在的分生能力。

② 初生木质部和初生韧皮部：初生木质部和初生韧皮部呈相间排列，在根中初生木质部和初生韧皮部都是由外向内渐次成熟的，称为外始式。各种植物根的初生结构的差别主要是木质部束的数目不同。玉米的原生木质部脊

数目较多，约 12 组导管，为多原型，原生木质部导管发生早，被 0.1% 的番红溶液染成红色；后生木质部约为 6 束口径较大的导管，因成熟较晚故多没有被染成红色。韧皮部细胞形成不显著的细胞团，与原生木质部的导管相间排列。根的中央部分为薄壁细胞组成的髓部，为单子叶植物根的典型特征之一（图 1-17）。

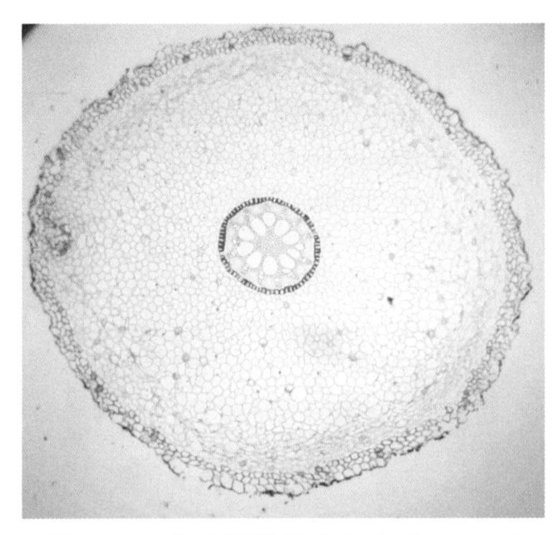

图 1-17　鸢尾根的初生结构（10×10）

2. 双子叶植物根的初生结构

取蚕豆或毛茛幼根横切永久制片，或取菜豆和绿豆新鲜材料，对其幼根的成熟区做徒手切片，在显微镜下由外向内观察下列结构。

（1）表皮：是根最外一层薄壁细胞，细胞排列紧密而整齐，无细胞间隙。可以看到有的表皮细胞突出形成根毛。注意观察根毛细胞的核在何处，表皮细胞之间有无气孔器。

（2）皮层：在表皮以内，由多层形状较大的薄壁细胞组成，具有明显的细胞间隙。紧接表皮的一层叫外皮层，其细胞排列紧密。皮层的最里边一层细胞叫内皮层，内皮层细胞在径向壁和横向壁上常有局部增厚并栓质化，彼此联结成环带状叫凯氏带。由于在径向壁上观察凯氏带仅为一个小点，此时称为凯氏点。在制切片时用番红溶液染色可见到红色的凯氏带或凯氏点。

（3）维管柱：幼根的中央轴部分是维管柱，由中柱鞘、初生木质部、初生韧皮部和薄壁细胞组成。

① 中柱鞘：是中柱的最外层，邻接着内皮层。通常由一层薄壁细胞组成，排列整齐紧密，但对着木质部束处常为 2 ～ 3 层细胞。

② 初生木质部：位于维管柱的中央，呈星芒状。在切片中其导管常被番红染成红色，其细胞壁厚而胞腔大。每束导管口径大小不一致，木质部束的外端（靠近中柱鞘）的导管最先发育，口径小，是一些螺纹和环纹加厚的导管，叫原生木质部。分布在近根中心位置的导管，口径大，分化较晚，为后生木质部。木质部导管的这种由外向内逐渐发育成熟的顺序是根初生构造的特征之一。

③ 初生韧皮部：位于木质部的两个脊之间，与木质部相间排列，由筛管、伴胞等构成的一团细胞群，颜色比周围薄壁细胞略深。在韧皮部的外侧可看到有染成绿色的厚壁的韧皮纤维束。

④ 薄壁细胞：分布在初生木质部和初生韧皮部之间，在根次生生长时，它将分化形成维管形成层的一部分（图 1-18）。

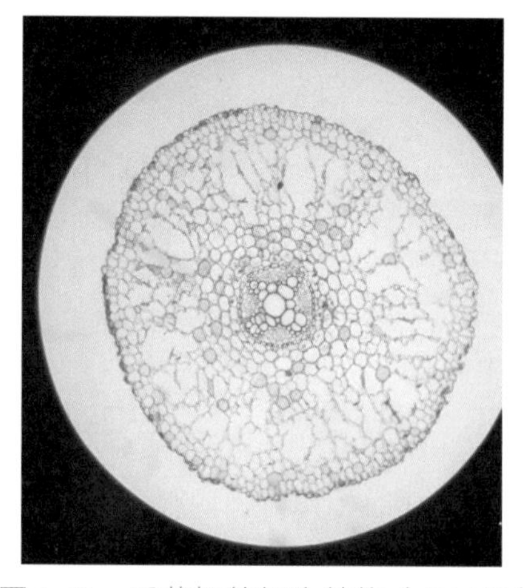

图 1-18　毛茛根的初生结构（10×10）

（三）侧根的形成

取蚕豆根尖的横切、纵切永久制片，或取菜豆和绿豆新鲜材料，对其幼根的成熟区做徒手切片观察，在成熟区中可见侧根原基的形成，侧根起源于中柱鞘，为内起源。发生侧根时，一定部位的中柱鞘细胞重新恢复分裂能力，经几次平周分裂，增加细胞层次，形成了向外的突起，即侧根的生长锥，再继续生长，依次突破主根的内皮层、皮层和表皮而达根外，进入土壤。从横切和纵切制片上，可看到一团被染成红色的、等直径的、核较大的分生组织细胞组成的侧根生长锥已形成，周围有破损的皮层细胞。观察时注意侧根是从中柱鞘的哪一部分细胞发生的，蚕豆根为四原型，侧根常发生于对着木质部束的位置（图 1-19）。

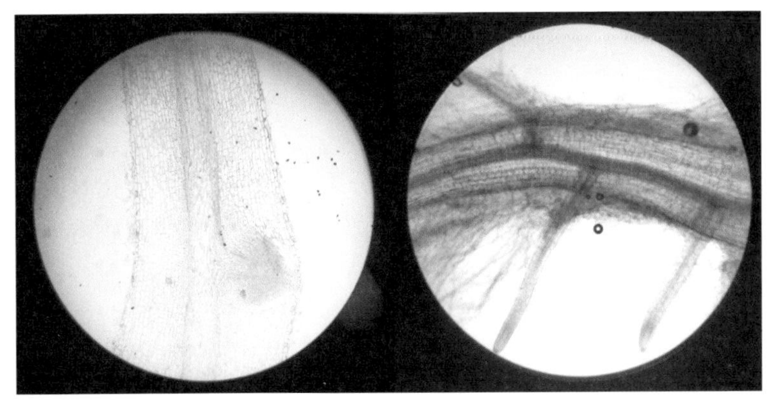

图 1-19　菜豆侧根的结构（10×10）

（四）根的次生结构

1. 形成层的发生

取棉花成熟根横切永久制片观察，其形成层首先是由初生木质部与初生韧皮部之间的薄壁细胞恢复分裂能力形成的，之后向两侧扩展，直至对着木质部脊的中柱鞘细胞也恢复分裂能力，二者连成波浪状的形成层环。在显微镜下看到位于木质部与韧皮部之间的一些径向排列整齐、形状扁平的薄壁细胞，看上去好像堆叠整齐的砖块，就是形成层。

2. 次生结构

在显微镜下观察栎老根、棉花老根横切的永久制片，由外向内依次为周皮、次生韧皮部、维管形成层、次生木质部和初生木质部。

（1）周皮：是老根最外面的几层细胞，由木栓层、木栓形成层和栓内层组成。木栓层居外侧，横切面呈扁方形，径向壁排列整齐，为没有细胞核的死细胞。在木栓层的内方，是一层活的木栓形成层细胞，它主要进行切向分裂，其细胞形态比木栓层更扁一些。栓内层位于木栓形成层内侧，有 2 ～ 3 层较大的薄壁细胞。棉花根形成周皮是相当迟缓的，在永久制片上常不能看到周皮的形成。在根毛死亡的区域残存的表皮下可看到 2 ～ 3 层皮层细胞，细胞壁栓化，这是外皮层，起保护作用。初生韧皮部已被挤坏，常分辨不清。

（2）次生韧皮部：为维管形成层向外平周分裂而形成。在周皮之内被固绿染成蓝绿色的部分是次生韧皮部，包括筛管、伴胞和韧皮薄壁细胞，其中夹杂有少量略呈红色的韧皮纤维。在韧皮部中有许多韧皮薄壁细胞在径向方向上排列成行，即韧皮射线，起着横向运输的作用。

（3）维管形成层：在次生韧皮部和次生木质部之间的一至几层细胞，呈扁长形，被染成浅绿色。

（4）次生木质部：维管形成层平周分裂的细胞，向内分化形成次生木质部。在维管形成层以内占主要部分，能被番红染成红色。次生木质部包括导管、管胞、木纤维和木薄壁细胞，其中导管很容易辨认，是一些口径大被染成红色的原生质体的空腔。有些导管由于分化较晚，木质化程度低，仅被番红染成淡红色，或有的保持纤维素胞壁的绿色。管胞和木纤维在横切面上口径均较小，可与导管区分，一般也被染成红色，但二者之间不易辨认。此外，还可以见到由薄壁细胞组成的木射线，沿半径方向呈放射状排列，并与韧皮射线相连，合称维管射线。

（5）初生木质部：在次生木质部以内，仍保留在根的中心部分。导管口径较小，亦被番红染成红色（图 1-20）。

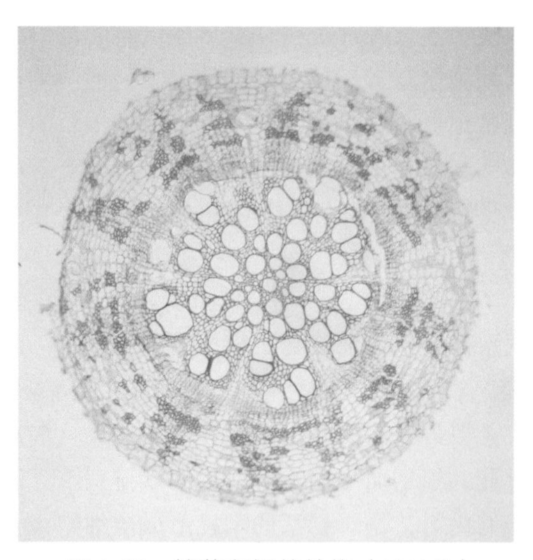

图 1-20　棉花老根的结构（10×10）

五、实验作业

① 绘玉米根尖的纵切面图，示植物根尖四个区的结构。

② 绘毛茛根的横切面图，示双子叶植物根的初生结构。

③ 绘鸢尾根的横切面图，示单子叶植物根的初生结构。

六、思考与讨论

① 根尖分哪几区？各区在外部形态和内部结构上是否有明确的界限?

② 单子叶植物与双子叶植物根的初生结构有何异同？

③ 双子叶植物根和茎的初生结构有何异同？

实验六

茎尖及茎的结构

种子植物的茎主要来源于种子内幼胚的胚芽发育，各级分枝茎由侧芽分化形成；在茎顶端有顶芽，其侧面有侧芽，芽是枝、花的原始体，有多种类型，枝芽伸长后形成枝，枝的轴状部分就是茎。种子植物的茎是生长在地面上的营养器官之一，它下部连接着根，上部连接和支持着叶、花和果实，是输送水、无机盐和有机养料的轴状结构。茎的结构包括茎尖结构、初生结构和次生结构。

一、实验目的

① 了解茎的顶端生长和茎尖结构特点。

② 掌握植物茎的初生结构、次生结构特点。

③ 掌握双子叶植物茎的次生构造和单子叶植物茎的构造特点。

二、实验材料

① 新鲜材料：菜心。

② 永久装片：向日葵幼茎横切片、玉米茎横切片、黑藻茎横切片、黑藻茎尖纵切片、南瓜茎横切片、椴树茎横切片、小麦茎横切片、花生横切片、松木三切片等。

三、实验仪器、用具和药品

① 仪器与用具：显微镜、剪刀、镊子、刀片、载玻片、盖玻片、滴管、培养皿。

② 药品：稀碘液、钌红水溶液、番红染色液。

四、实验内容与方法

（一）芽的结构

茎上常长有芽，芽是处于幼态还未伸展的枝、花或花序。按照结构可以分为枝芽、花芽和混合芽。取黑藻顶芽纵切面装片，在低倍镜下观察芽顶端的生长锥、芽轴、叶原基和幼叶，还有幼叶基部的腋芽原基，以及有些芽周围的芽鳞（图 1-21）。

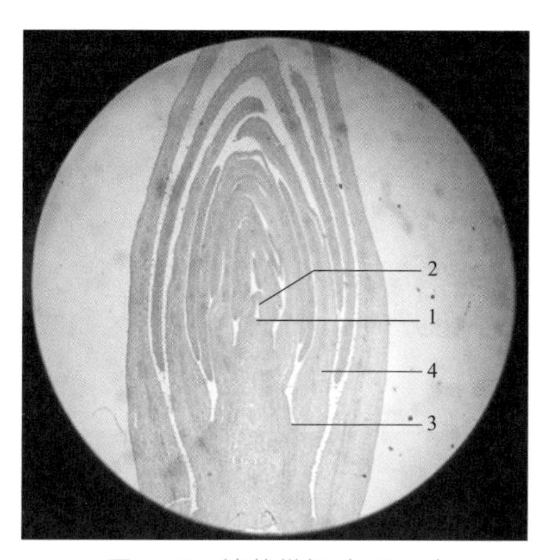

图 1-21　枝芽纵切（10×4）

1—生长锥；2—叶原基；3—腋芽原基；4—幼叶

（二）茎的初生结构

1. 双子叶植物的茎

（1）取菜心的幼茎作徒手切片，制成临时装片，在显微镜下区分表皮、皮层和维管柱三部分（图 1-22）。

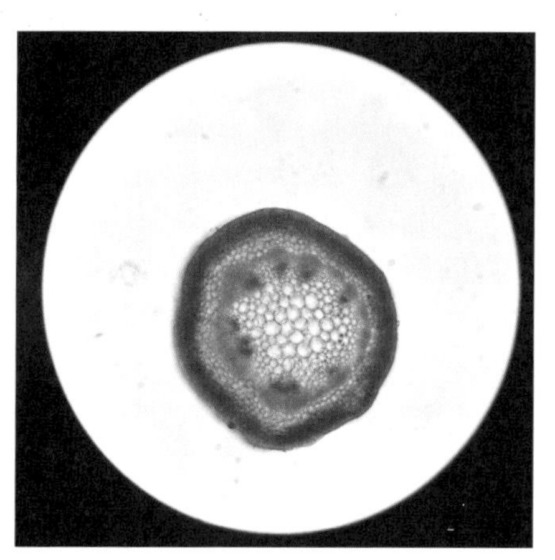

图 1-22　菜心幼茎横切面显微图（10×4）

（2）观察南瓜幼茎横切的永久制片，详细观察下列结构。

① 表皮：表皮细胞较小，只有一层，排列紧密，外壁具有角质层。有些表皮细胞形成表皮毛。表皮细胞中常可见到两个较小的细胞和两个细胞之间的缝隙，这就是保卫细胞和气孔，气孔之下是孔下室，整体称气孔器。

② 皮层：表皮以内维管柱以外的部分。紧接表皮之下是几层厚角组织，细胞相对较小，其内是数层薄壁细胞，皮层占整个横切面的比例较小。

③ 维管柱：茎的中央轴部分，所占整个横切面的比例较大，可分为维管束、髓射线和髓三部分。维管束呈束状，染色较深，在横切面上排列成一环，将皮层和髓分隔开。髓在茎的中央，由薄壁组织构成，细胞排列疏松，有贮藏的功能。在维管束之间的薄壁组织是髓射线，连接皮层和髓，来源于基本分生组织（图 1-23）。

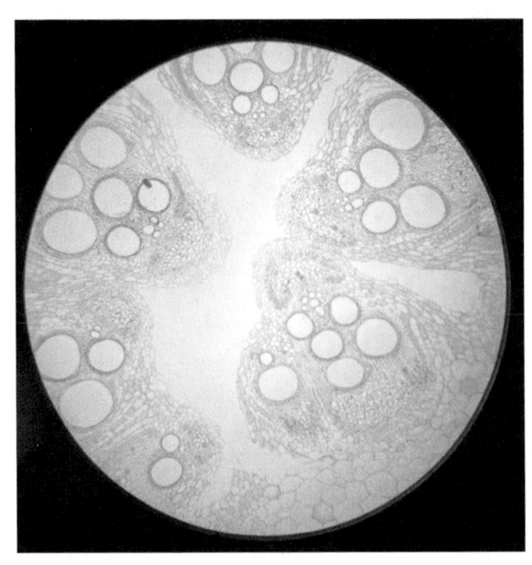

图 1-23　南瓜茎横切面结构（10×4）

2. 单子叶植物的茎

大多数单子叶植物的茎，只有初生结构，所以结构比较简单，少数虽有次生结构，但也和双子叶植物的茎不同。取玉米茎横切永久制片进行观察，与双子叶幼茎进行比较。

（1）表皮：茎的最外层细胞，排列整齐，外壁有较厚的角质层。气孔的两边除了两个较小的保卫细胞外，还有两个稍大的副卫细胞。

（2）维管束：玉米茎中维管束散生分布在基本组织中，靠近边缘部分维管束小，数目多，在茎中部的维管束大，但数目较少。在高倍镜下观察单个维管束，其外围有一圈厚壁细胞组成的维管束鞘，里面只有初生木质部和初生韧皮部两部分，其间没有形成层，是有限维管束，初生木质部由 3 ～ 4 个被染成红色的导管组成，口径较大，在横切面上呈“V”形。“V”形的底部是原生木质部，由 1 ～ 2 个较小口径的导管和薄壁细胞组成。常由于茎的伸长将环纹或螺纹导管拉破，在“V”形底部形成一个空腔（气腔或胞间道），“V”形上半部两侧各有一个口径较大的导管，是后生木质部，这两个大导管之间有一些管胞分布。

（3）基本组织：表皮和维管束之间的所有细胞称为基本组织。玉米茎靠近表皮的数层细胞体积小，排列紧密，细胞壁增厚并木质化，是厚壁组织，具有机械支持作用。其余均为薄壁组织。细胞较大，排列疏松，有胞间隙，越靠近中央的细胞个体越大。其中有许多维管束呈星散状分布（图 1-24）。

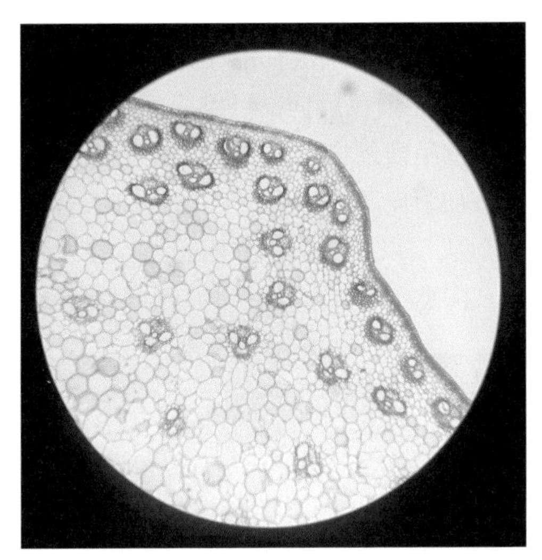

图 1-24　玉米茎横切面显微图（10×10）

（三）茎的次生结构

1. 双子叶草本植物茎

取大豆老茎的横切永久制片观察次生结构。

（1）韧皮纤维：在韧皮部外方，有成堆的厚壁细胞，细胞壁木质化，常被番红染成红色，为韧皮纤维。

（2）束中形成层：在木质部和韧皮部之间 3 ～ 5 层形状扁长的细胞。形成层活动的结果是向内分裂分化木质部的各种细胞，向外分裂分化韧皮部的各种细胞，从切片上看向，向内分裂产生木质部比向外分裂产生的韧皮部细胞多。

（3）束间形成层：由初生维管束间的射线薄壁细胞恢复分裂能力形成，它的活动产生小型的维管束。

（4）维管射线：在维管束内由薄壁细胞组成的木射线和韧皮射线的总称。

2. 双子叶木本植物茎

取 3 ～ 4 年生的椴树茎横切永久制片，由外向内观察次生结构。

（1）表皮：多已脱落，仅留下部分残片，有厚的角质层。

（2）周皮：是代替表皮的次生保护组织，由木栓层、木栓形成层和栓内层组成，周皮上有皮孔。

（3）皮层：存在于周皮和维管柱之间的数层厚角组织和薄壁组织。

（4）韧皮部：韧皮部细胞排列成梯形紧贴形成层细胞，与髓射线薄壁细胞沿着周长方向相间分布。染色后韧皮纤维显示红色，筛管、伴胞和韧皮薄壁细胞呈绿色，两种颜色呈横条状相间排列。

（5）形成层：紧贴在韧皮部内侧的 3 ～ 5 层细胞，排列整齐呈一圆环状。

（6）木质部：在形成层以内的大部分面积是次生木质部，在靠近髓的部分有几束初生木质部。注意年轮和年轮线，并分辨早材和晚材（图 1-25）。

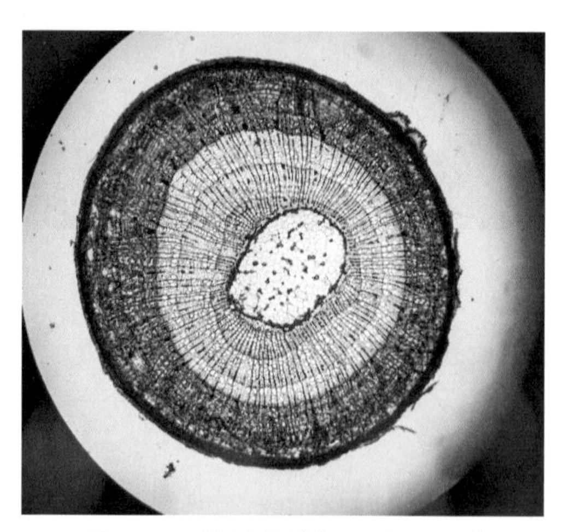

图 1-25　椴树茎横切面（10×4）

3. 周皮与皮孔

取接骨木茎通过皮孔茎的横切片，在低倍镜下观察，看到茎表面形成的两边拱起的裂口，就是皮孔，是周皮上的一种通气结构。裂口内方为薄壁的补充细胞，转换高倍镜，观察周皮的详细结构。

（1）木栓层：为多层细胞沿半径方向整齐排列。细胞壁加厚并栓质化，细胞中无细胞核和细胞质，是死细胞。

（2）木栓形成层：木栓层之内的一层扁平细胞，细胞壁薄，细胞质浓厚，有细胞核。

（3）栓内层：木栓形成层之下的 1 ～ 2 层生活的薄壁细胞。有明显的细胞核和细胞质，壁薄，无栓质化，它按半径线整齐排列，可以与皮层细胞区分开。

4. 裸子植物茎

取松木材三切面的永久制片，观察各个切面细胞的特点。

（1）横切面：观察木材的年轮、早材、晚材、边材和心材。管胞为横断面，木射线为呈纵切状态的一列细胞，可显示其长和宽；有明显的树脂道（图 1-26）。

（2）径向纵切面：可见到长形的管胞及壁上呈正面观的具缘纹孔。木射线像一堵砖墙，展示的是长和高；树脂道多呈纵向分布。

（3）切向纵切面：管胞为纵向排列，其壁上具缘纹孔呈剖面观；木射线呈梭形，展示的是高度与宽度，有时在较大的木射线中，可见到横向的树脂道。

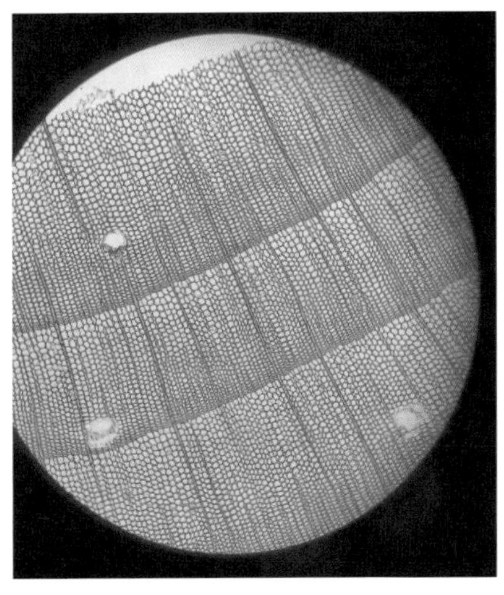

图 1-26　松茎横切面（10×4）

五、实验作业

① 绘向日葵或南瓜茎横切面约 1/8 图（内含一个维管束），示双子叶植物草本茎初生结构。

② 绘椴树茎 1/6 横切面图，示茎的次生构造。

六、思考与讨论

① 比较双子叶植物根与茎的初生结构有何异同。

② 比较单、双子叶植物茎的初生结构有何异同。

实验七

叶的结构

叶一般由叶片、叶柄和托叶 3 部分组成。叶柄位于叶片的基部，连接叶片和茎。托叶通常是位于叶柄基部两侧（或内侧）的成对附属物。托叶在叶发育早期起着协助保护幼叶的作用。叶片、叶柄和托叶 3 部分俱全的叶，称为完全叶，如桃树、榕树等植物的叶；仅具有其中一部分或两部分的叶，称为不完全叶，如茶、油菜、白菜等植物的叶缺少托叶。

一、实验目的

① 通过采摘校园各种植物的叶子，了解并学会描述叶的形态。

② 观察认识及掌握双子叶植物叶、禾本科植物叶及裸子植物针叶的结构特点。

③ 了解植物叶的解剖结构及其对环境的适应性。

二、实验材料

① 新鲜材料：学生课前在校园采集双子叶植物、单子叶禾本科植物和裸子植物马尾松的带叶枝条；采集不同形态叶的植物标本。

② 永久装片：棉花叶横切片、夹竹桃叶横切片、花生叶横切片、蚕豆叶横切片、烟草叶横切片、马铃薯叶横切片、薄荷叶横切片、水稻叶横切片、小麦叶横切片、玉米叶横切片、银杏叶横切片、松针叶横切片。

三、实验仪器、用具和药品

① 仪器与用具：光学显微镜、放大镜、擦镜纸、镊子、解剖针、载玻片、盖玻片、剪刀、刀片、培养皿、吸水纸、滴管、纱布。

② 药品：醋酸洋红染色液、稀碘液、蒸馏水。

四、实验内容与方法

（一）叶的形态观察

根据学生课前在校园采集回来的带叶枝条，结合典型不同形态叶的植物标本，观察分辨校园内常见植物叶形态特征（表 1-4）。

表1-4　叶的形态

叶	由叶片、叶柄、托叶组成
叶形态	叶基、叶缘、叶尖的形态
叶脉	网状脉：粗脉羽状或掌状，细脉连结成网状
	平行脉：基出脉粗，大致平行，或弧状，细脉不成网状
叶序	互生、对生、轮生
	簇生、基生、叶镶嵌
复叶	三出复叶
	羽状复叶（奇数羽状、偶数羽状、多回羽状）
	掌状复叶
	单身复叶
托叶	羽状、鳞状、条形、钻状、卷须状
	或为柄间托叶，或为柄内托叶
	或落叶后具托叶环痕

注：复叶的辨别特征为总叶柄具芽，一回、二回或三回羽片基部不具芽，不具小托叶；复叶羽片常一起脱落。

（二）叶的结构

1. 双子叶植物叶片（异面叶）的叶解剖结构

取棉花叶片观察，先在低倍镜下区分叶片的表皮、叶肉、叶脉（主脉和侧脉）3 部分，然后在高倍镜下仔细观察各部分的结构特点。

（1）表皮　整个叶片上下表皮各由一层细胞组成。表皮在横切面上通常为一层无色透明、排列整齐的长方形细胞，表皮细胞外壁覆盖有角质层。在表皮细胞之间可以看到成对的、染色较深的小细胞，是保卫细胞，其间的窄缝即为气孔；下表皮较上表皮气孔多。在表皮上有单生或簇生的表皮毛，还有棒状或椭圆形的多细胞腺毛。

（2）叶肉　上下表皮之间具有叶绿体的同化组织，双子叶植物叶多为异面叶，叶肉明显分化为栅栏组织和海绵组织两部分。

① 栅栏组织：位于上表皮之下，细胞呈长圆柱状，以其长轴与上表皮垂直，细胞排列整齐紧密，细胞内含有较多叶绿体。

② 海绵组织：位于栅栏组织与下表皮之间，细胞形状不规则，排列较疏松，细胞间隙较大，含叶绿体较少，气孔内方的细胞间隙大，形成气室，也称下室（图 1-27）。

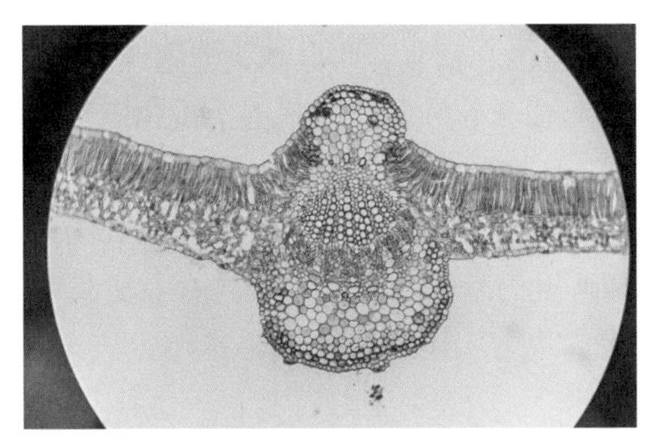

图 1-27　棉花叶横切（10×10）

（3）叶脉　在叶片横切面上可见主脉和各级大小不等的侧脉，以主脉最为发达，侧脉逐渐退化直至细脉末梢。

① 主脉：维管束发达，包括木质部、韧皮部和形成层 3 部分。木质部靠近上表皮，韧皮部靠近下表皮，木质部与韧皮部之间有不甚发达的形成层，其形成层细胞分裂时间短，不进行次生生长。维管束上下方靠近上下表皮处有发达的机械组织和薄壁组织。

② 侧脉：由维管束鞘、木质部和韧皮部组成，没有形成层。C_4 植物（如红苋菜）叶片维管束鞘薄壁细胞比较大，外侧有一层或几层叶肉细胞，从横切面看，好似花环，组成“花环型”的克兰茨结构（图 1-28）。随着侧脉的变小，其木质部和韧皮部逐渐趋于简单化和原始化，细脉末梢仅由维管束鞘包围 1 ～ 2 个管胞和筛胞组成。侧脉维管束靠近表皮处的机械组织也逐渐减少直至消失。

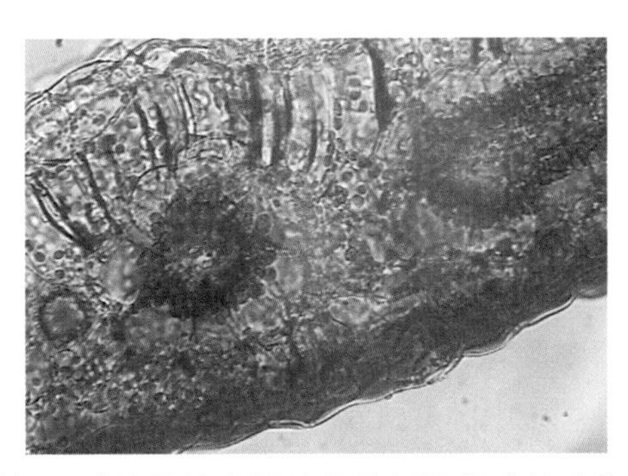

图 1-28　红苋菜叶横切示叶脉维管束鞘外薄壁细胞组成的“花环型”结构（10×10）

2. 单子叶植物禾本科植物叶的解剖结构

（1）观察水稻叶横切　取水稻叶的横切永久制片，置显微镜下观察。

① 表皮：细胞壁角质化，并含有硅质。表皮上有表皮毛，气孔器由保卫细胞和副卫细胞组成，因此在横断面上为 4 个小细胞，气孔分布在上下表皮上，两个维管束之间的上表皮是一些大型的薄壁细胞，液泡发达，可随着植物体内的水分状况发生收缩和膨胀，叫做泡状细胞或运动细胞。

② 叶肉：叶肉细胞中含有叶绿体，基本上由相同形状的细胞组成。细胞间隙较小，在气孔内方有较大气孔下室。

③ 叶脉：维管束与茎中的相同，不过在维管束外围是双层细胞的维管束鞘，即厚壁的内鞘和薄壁的外鞘，外鞘细胞内含有少量叶绿体。机械组织为厚壁细胞，分布在维管束与上下表皮之间。水稻代表 C_3 植物叶的构造特点（图 1-29）。

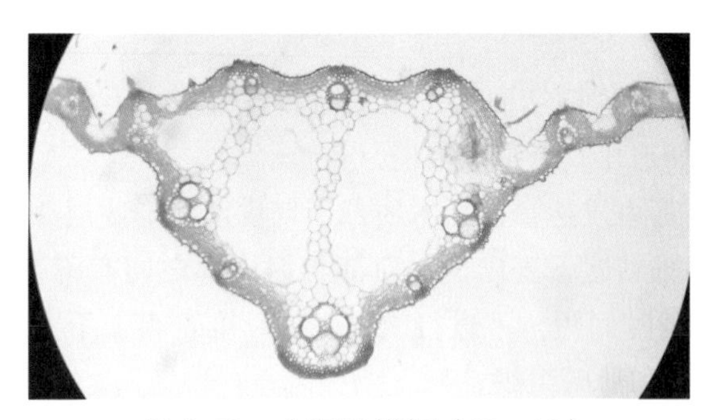

图 1-29　水稻叶横切（10×10）

（2）观察玉米叶横切　取玉米叶的横切永久制片，置显微镜下观察。

① 表皮：玉米叶表皮细胞在横切面上呈近方形，排列较规则，细胞外壁被有角质层，在表皮细胞之间有气孔，气孔器的组成除有两个保卫细胞外，两侧还有两个较大的副卫细胞，断面近乎呈正方形，气孔内侧有孔下室。在上表皮中，两个维束管之间可看到几个薄壁的大型细胞。注意观察下表皮细胞中是否也有这种细胞。

② 叶肉：玉米叶肉细胞中含有叶绿体。

③ 叶脉：玉米的维管束是有限维管束，没有形成层，木质部靠上表皮，韧皮部靠下表皮。维管束外有一层较大的薄壁细胞排列整齐，即为维管束鞘，玉米维管束鞘细胞大，内含有许多较大的叶绿体，维管束上下方均可见成束的厚壁细胞，在中脉处尤为突出。玉米代表 C_4 植物叶的构造特点（图 1-30）。

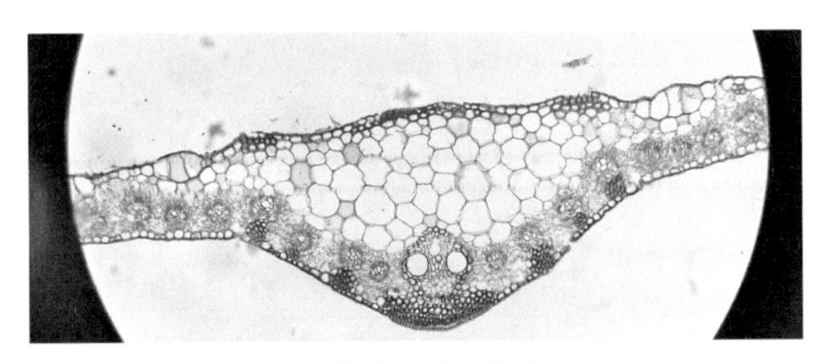

图 1-30　玉米叶横切（10×10）

（3）裸子植物叶的解剖结构　取松针叶横切永久制片，置显微镜下观察。

① 表皮：表皮细胞排列紧密、形小、呈砖状，细胞壁厚，细胞腔小，外壁上为厚的角质层覆盖，表皮上的气孔明显下陷。

② 下皮层：表皮下可见一至数层排列紧密的厚壁细胞组成的机械组织，即为下皮层。

③ 叶肉：下皮层以内是叶肉，叶肉细胞显著特征是细胞壁具有很多不规则的皱褶。粒状叶绿体沿细胞壁边缘排列。在叶肉中还可以明显地看到由一层分泌细胞围成的树脂道。

④ 内皮层：叶肉最里一层细胞，排列整齐而紧密。

⑤ 传输组织：内皮层和维管束之间有几层排列紧密的细胞，即为传输组织。传输组织由传输管胞和传输薄壁细胞所组成，这是维管束与叶肉之间交换水分和养分的通道。

⑥ 维管束：在传输组织以内，居叶的中央，有两个维管束并列而存，维管束木质部位于近轴面，木质部细胞排列得很有规则，即木薄壁细胞行与管胞行交替排列而成；韧皮部位于远轴面，由筛胞和韧皮细胞所组成，其附近常有具浓厚细胞质的细胞，称为蛋白质细胞。两个维管束之间为一团薄壁细胞（图 1-31）。

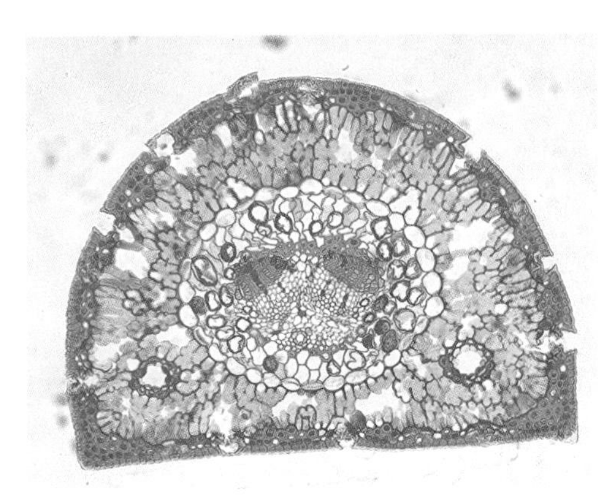

图 1-31　松针叶横切（10×10）

叶形态结构的观察要点见表 1-5。

表1-5　叶形态结构的观察

材料	观察要点
棉花叶横切片	叶肉栅栏组织和海绵组织；侧脉维管束；维管束鞘延伸
水稻叶横切片	表皮的 7 种细胞；叶肉细胞形状；维管束鞘（2 层）
玉米叶横切片	维管束鞘（单层）的“花环型”结构
玉米叶表皮片	三种表皮细胞形状；保卫、副卫细胞形态；泡状细胞
蚕豆叶下表皮片	表皮细胞形状；保卫细胞形状
松针叶横切片	表皮层（表皮 + 下皮层）；下陷的气孔器；叶肉细胞形状； 树脂道；维管束位置
夹竹桃叶横切片	表皮细胞层数、叶肉栅栏组织和海绵组织
小麦叶横切片	表皮细胞种类；叶肉细胞形状；维管束鞘
小麦叶表皮片	表皮细胞的形状、气孔器的情况

五、实验作业

① 绘一种植物叶的横切面，注明各部分结构。

② 绘棉花叶部主脉横切面（主脉及其侧叶片），示双子叶植物叶片结构。

③ 绘松植物叶的横切面，示针叶植物叶结构。

④ 各实验小组到校园采集各种植物叶片，按叶的形态（包括整片叶形、叶缘、叶脉、叶序、复叶等）进行分类整理，排序好，粘贴成册；并给每种叶形注上名称。

六、思考与讨论

① 在叶的横切面中，如何区分上、下表皮?

② 比较单、双子叶植物叶片结构的异同。

③ 针叶具哪些适应寒冷、干旱的形态及结构特征? 植物是如何适应生存环境条件的?

实验八
植物营养器官的变态

植物营养器官通常指植物的根、茎、叶等器官。植物营养器官由于长期适应某种特殊的环境条件，在形态、结构或生理功能上发生了非常大的变化，并已成为该种植物的遗传性状，这种变化称为营养器官的变态。这种变态不是病理的或偶然的变化，而是健康的、正常的遗传。

一、实验目的

① 了解根、茎和叶的变态有哪些类型。

② 熟悉营养器官的基本结构，了解一些植物茎的特殊结构。

③ 了解叶的形态结构与环境的关系。

④ 从植物整体性出发了解器官间的相互关系。

二、实验材料

① 新鲜材料：萝卜根、胡萝卜根、甘薯根、狗牙根、姜、薯蓣（山药）、莲藕、马铃薯、慈姑、荸荠、洋葱、大蒜头、芋头、莴苣、球茎甘蓝、玉米（含苞叶）、向日葵花朵等。

② 校园内观察甘薯的块根、榕树的气生根（支柱根）、桑寄生或菟丝子的寄生根、竹节蓼的叶状枝、南瓜的茎卷须、柑橘或石榴的枝刺、蔷薇或美丽异木棉的皮刺、仙人掌的肉质茎、狗牙根或竹类的根状茎、台湾相思叶状柄等。

植物营养器官变态的观察见表1-6。

表1-6　植物营养器官变态的观察

根变态	贮藏根	肉质直根：萝卜、胡萝卜
		块根：甘薯
		气生根：榕树 寄生根：桑寄生

续表

茎变态	地上茎	叶状枝：竹节蓼、昙花
		茎卷须：南瓜、葡萄
		枝刺：柑橘、山楂
		肉质茎：仙人掌、仙人球
	地下茎	根状茎：姜、莲藕、狗牙根、竹类
		块茎：马铃薯、薯蓣
		球茎：慈姑、荸荠、芋头
		鳞茎：洋葱、大蒜
叶变态	苞片和总苞：玉蜀黍（含苞叶的玉米）、菊花、紫茉莉、向日葵花	
	叶刺：仙人掌类（仙人掌、量天尺）	
	叶卷须：豌豆、菝葜	
	叶状柄：台湾相思、马占相思、大叶相思	
	捕虫叶：猪笼草、茅膏菜	

三、实验仪器、用具和药品

① 仪器：生物显微镜。

② 用具：放大镜、擦镜纸、镊子、解剖针、剪刀、刀片、培养皿、吸水纸、滴管。

③ 药品：醋酸洋红染色液、稀碘液、蒸馏水。

四、实验内容与方法

（一）根的变态

1. 贮藏根

贮藏根是指具有贮藏养料和水分功能的根，根中的薄壁组织一般比较发达，根的形态肥大肉质。

（1）肉质直根　由主根或由下胚轴参加而形成的肥大多汁的贮藏根（图 1-32）。其肥大的成因有所不同，如胡萝卜为次生韧皮部，而萝卜为次生木质部。

用肉眼直接观察萝卜根的横切面，区分皮层、木质部和韧皮部，可以发现萝卜根的木质部特别发达，取木质部一部分进行徒手切片，装片观察，可发现其木质部中导管比一般植物导管少，而大部分是木薄壁细胞（这是由于形成层活动产生的），有贮藏作用［图 1-33(a)］。

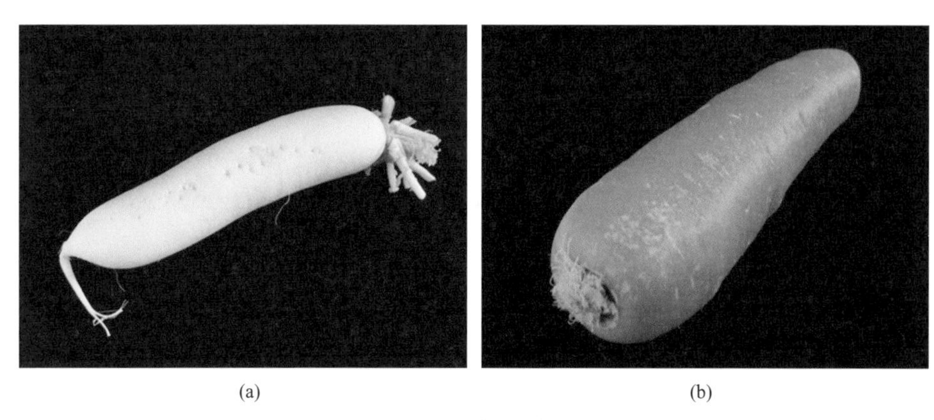

(a)　　(b)

图 1-32　根的变态

（a）萝卜；（b）胡萝卜

用肉眼直接观察胡萝卜根的横切面，区分皮层、木质部和韧皮部，可以发现胡萝卜的木质部较少，而韧皮部特别发达，即次生韧皮部较多［图 1-33(b)］。

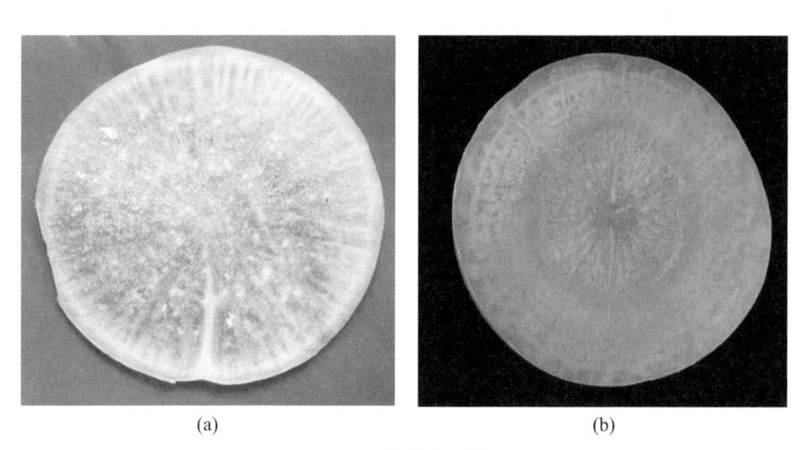

(a)　　(b)

图 1-33　萝卜根横切面

（a）萝卜；（b）胡萝卜

（2）块根　是由不定根（营养繁殖的植株）或侧根（实生苗）经过增殖生长而成的肉质贮藏根。因此，在一株上可形成多个块根。另外，它的组成不含下胚轴和茎的部分，而完全由根的部分构成，其在未膨大以前与一般吸收根相同，膨大成为块根以后，皮层很少，块根的形成除了维管形成层的活动外，主要是由于形成层活动，形成大量薄壁组织，这些形成层首先在每个原生木质部导管周围产生，其次在后生木质部导管周围及次生木质部里面产生，再次是在与维管束无关的薄壁细胞中产生，其活动主要是增加薄壁细胞的数目。

观察甘薯的根，一株上有大小不等若干块根，同时也能见到尚未膨大的根。

2. 气生根

气生根就是生长在地面以上空气中的根，因作用不同，常见的有以下几种。

（1）支柱根　从地面的茎节上长出向下生长的不定根，穿入土壤中，具有支持和吸收功能，成为植株的辅助根系，这种根被称为支柱根。可观察校园的榕树从枝上产生下垂的气生根和玉米靠近地表的几个茎节上产生的不定根。

（2）攀缘根　茎上着生的不定根，具有攀缘功能，用以攀缘向高处生长，这种不定根称为攀缘根。像爬山虎、薜荔等就是靠这种不定根以固着在其他树干、山石或墙壁的表面而攀缘向上生长。

（3）呼吸根　呼吸作用的根，像沼泽地生长的池杉、水杉、落羽杉等，都有一些垂直向上生长而伸出地面的根，其上有丰富的呼吸孔与大气相通，以适应土壤中缺乏空气的环境。

3. 寄生根

用来从寄主的器官或组织中吸取营养物质的特殊器官。观察菟丝子植株，其以茎紧密地曲旋缠绕在寄主茎上，叶退化成鳞片状，不能进行光合作用，营养全部依靠寄主，而以突起状的根伸入寄主茎的组织内形成吸器，从寄主体内吸取水分和有机营养。

（二）茎的变态

茎和根一样，长期受周围环境的影响，产生了变异。变态的茎无论怎样改变，总有茎的固有特征，即有节和节间之分，在节上有退化为鳞片状的叶子，或是叶子脱落留下的叶痕，在叶腋处还有腋芽，以这些特征可与根区别。茎的变态主要有以下 2 种。

1. 地上茎的变态

可以是枝发生变态，也可以是在分枝产生的部位，即叶腋发生变态。

（1）茎刺　枝芽生长转变为刺。观察柑橘、石榴枝条上的刺，其着生于叶腋，有时还长分枝和叶，其木质部与茎的木质部相连不易折断。强力折断后的折断面参差不齐，这与美丽异木棉或月季茎上的皮刺有显著不同。

（2）茎卷须　茎呈细丝状，不能直立，侧枝变成卷须，称为茎卷须或枝卷须。葡萄的卷须生长在产生花枝的相应位置，而南瓜或黄瓜的卷须则生于叶腋。这与着生在长叶位置上的卷须即叶卷须不同。

（3）叶状茎（也称叶状枝）　茎转变成叶状，扁平呈绿色，可代替叶进行光合作用，而这些植物的正常叶退化，如竹节蓼的茎，粗看像叶，但是有节，表明是枝（茎）变态。

（4）小鳞茎　呈小球形变态地上茎，具肥厚多肉、富含养料的小鳞片，也称珠芽。如大蒜头的叶腋内形成的小鳞茎，长大后脱落，在适宜条件下，可发育成新植株，可作为营养繁殖的一种方式。

（5）小块茎　也称肉芽，腋芽常长成肉质小块，富含养分，落地可发育成为新植株。如薯蓣（山药）的腋芽常成肉质小块，但不具鳞片，外形似块茎。不同之处是形态较小。是地上茎的变态，称为零余子。

（6）肉质茎　茎肥大多汁，像莴苣、球茎甘蓝等茎贮藏大量水分和养分，都是肉质茎的一种。有的叶退化为刺，而肉质茎进行光合作用，像仙人掌科植物茎肥大可变为球形、柱形、扁圆形等多种形状。

2. 地下茎的变态

茎通常生在地上，生在地下的茎与根相似，但由于仍具茎的某些特征，故不难和根区别开（图 1-34）。

（1）根状茎　简称根茎，是横走于地下的匍匐茎，可存活一至多年，具有节、节间以及节上长鳞片叶等茎的特点。此外，姜、菊芋的根状茎肥短而为肉质，莲的根状茎称为莲藕，其中有发达的气道与叶相通。

（2）块茎　其茎甚短，多肉而膨大，呈不规则的块状，为贮藏养分的地方，块茎表面有芽眼，其内有芽，马铃薯的薯块顶端有顶芽，四周有许多“芽眼”作螺旋排列。每“芽眼”内有几个芽。每一芽眼所在处实际上相当于茎节，螺旋线上相邻的两个芽眼之间即为节间，可见它实际上是节间短的变态茎。

（3）鳞茎　一种呈球形或扁球形的变态地下茎，其上部丛生许多肥厚多肉、富含养料的鳞片叶。它是洋葱、葱等多种单子叶植物的一种营养繁殖器官。观察洋葱鳞茎其最中间的基部，为一个扁平而节间极短的鳞茎盘，其上生有芽，将来可发育为花序。四周有肉质鳞片重重包围着，贮存着大量的营养物质。肉质鳞片叶之外，还有几片膜质的鳞片叶保护，这两种鳞片都是叶的变态。叶腋有芽，鳞茎盘下端产生不定根，可见鳞茎是一个节间极短的地下茎的变态。

（4）球茎　球茎是肥而短的地下茎，荸荠、慈姑的球茎由根状茎顶端发育而成，芋头的球茎由基部发育而成。它们顶端都有粗壮的顶芽，有时还有细小幼嫩的绿叶生于其上，节与节间明显，节上有干膜状的鳞片叶和腋芽。球茎储藏大量营养物质，为特殊的营养繁殖器官。

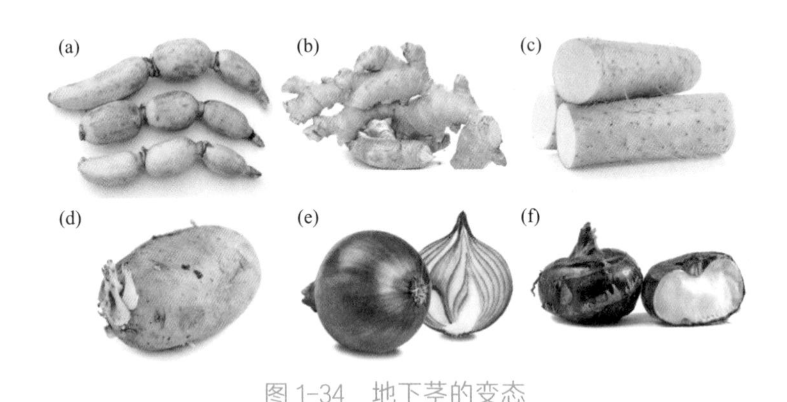

图 1-34　地下茎的变态

（a）莲藕；（b）姜；（c）薯蓣；（d）马铃薯；（e）洋葱；（f）荸荠

（三）叶的变态

叶和根、茎一样在周围环境的长期影响下，也同样出现多种变态。

（1）苞叶和总苞　生长在花下面的那种特殊叶叫苞叶。苞叶数多而聚生在花序外围的，统称为总苞，苞叶和总苞具有保护花芽和果实的作用。如向日葵头状花序周围的绿色叶状结构就是总苞，玉米雌花序外面紧紧包围着的绿色结构，是由多层苞叶组成。

（2）鳞叶　叶的功能特化或退化成的鳞片状结构，一般有以下 3 类。

① 芽鳞：木本植物的鳞芽外的鳞叶。像柳冬芽外面常有呈褐色、具茸毛的变态叶，有保护芽的作用。

② 肉质叶：肉质鳞叶出现在鳞茎上，如洋葱的内层鳞叶，肥厚多汁，含有丰富的贮藏养料，是洋葱的食用部分。

③ 膜质叶：包被在变态器官如球茎、根状茎、鳞茎外部的膜状鳞叶，可见各种鳞茎，为退化成膜状结构的叶片。如洋葱鳞茎外围及荸荠、慈姑、芋头等球茎上的膜状结构。

（3）叶卷须　有些植物的叶的一部分转变成为卷须，适于攀缘生长。如豌豆的羽状复叶，先端小叶变成卷须；菝葜的托叶变成卷须。它们以卷须缠绕在其他物体上，向上生长，使自身能充分接受阳光。

（4）捕虫叶　为一种特殊的形态，用以捕获虫类的叶。具捕虫叶的植物称为食虫植物或肉食植物。食虫植物一般具有叶绿体，能进行光合作用，故植物总有部位呈绿色。上表面有许多顶端膨大并能分泌黏液的触毛，能黏住昆虫，同时触毛能自动弯曲，包围虫体并分泌消化液，将虫体消化并吸收养分。

（5）叶状柄　叶片发达或无，叶柄扁平呈叶状而代替叶片的机能。台湾相思叶，呈倒披针形，肉眼能看到内有许多纵行的“叶脉”，没有侧脉，经发育研究和解剖分析证明是叶柄变态而成的叶，其原来的叶片已完全退化。

（6）叶刺　由叶全部或叶的部分（如托叶）变成的刺状结构。叶的全部变成的刺，刺位于叶着生位置，叶刺腋（即叶腋）中有芽，以后发展成短枝，枝上具正常的叶，如小檗；叶的部分（如托叶）变成的刺，刺位于叶的茎部托叶位置上，如刺槐。

五、实验作业

① 列举日常生活中或校园内可看见的具营养器官变态的植物。

② 举例说明生态环境对叶形态结构的影响以及叶形态结构与功能的适应。

③ 列表区分各变态器官形态特征与其功能的适应性。

六、思考与讨论

① 如何鉴别叶刺、茎刺与皮刺，叶卷须和茎卷须。

② 根据对各类变态器官的观察，简述区别变态器官来源的依据。

③ 阐述同功器官和同源器官的概念，植物营养器官之间在结构和功能上有什么联系。

实验九

花与花序

被子植物发育到一定阶段时，在茎上孕育着花原基并发育成花。从植物系统进化和植物形态学的角度来看，有研究者认为花实际上是一种不分枝且节间短缩的、适于生殖作用的变态短枝。被子植物通过花器官完成受精、结果、产生种子等一系列有性生殖过程，以繁衍后代，延续种族。大多数被子植物的花，常密集或稀疏地按照一定排列顺序，着生在特殊的总花柄上，这种有规律的排列方式称为花序。

一、实验目的

① 观察认识被子植物花的外部形态和组成；掌握总状花序类、聚伞花序类几种常见花序结构的特点。

② 掌握解剖花的方法，观察花冠、花萼、雄蕊、胎座的类型，学会使用花程式描述花的方法。

③ 观察了解花药和花粉、子房和胚囊的结构。

二、实验材料

① 新鲜材料：百合花、蚕豆或豌豆花，油菜、芹菜或白菜花序，车前花序，大葱花序，向日葵、菊或蒲公英花序，无花果花序，勿忘草花序，唐菖蒲花序，石竹花序。

② 永久装片：幼期百合花药横切永久制片，成熟期百合花药横切永久制片，百合子房横切（示胚珠结构）永久制片，荠菜子房纵切（示幼胚发育）永久制片，荠菜子房纵切（示成熟胚）永久制片等。

三、实验仪器、用具和药品

① 仪器与用具：生物显微镜、放大镜、载玻片、盖玻片、擦镜纸、镊子、解剖针、剪刀、刀片、吸水纸、滴管。

② 药品：醋酸洋红染色液、稀碘液、纯净水。

四、实验内容与方法

本实验最好能创造条件，使学生观察到较多新鲜花朵和花序。实验课通常安排在春夏季，以便实验时能采集到所需要的代表植物的花和花序；若实验时正处于秋冬季，可能需要预先采集并将花和花序浸泡保存在保湿装置中，实验时用清水冲洗后供观察。

（一）花基本组成部分的观察

花的基本组成部分见图 1-35。

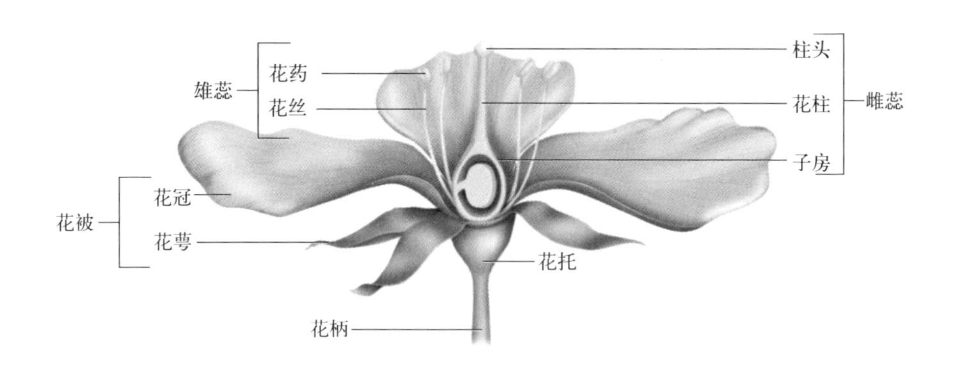

图 1-35　花的基本组成部分（引自：Stern，2008）

1. 红花羊蹄甲的花观察

取备好的红花羊蹄甲花一朵，用镊子由外向内剥离，观察其组成（图 1-36）。

① 花柄：花下面所生的短柄，是花与茎相连的中间部分。

② 花托：花柄顶端的部分，花的其他部分都着生在花筒的边缘上。

③ 花萼：绿色，由 5 枚叶片状萼片组成，基部合生，着生在盘状花托边缘的最外层。

④ 花冠：紫红色，由 5 枚组成，离生，排列成假蝶形花冠，呈两侧对称。注意花瓣在芽时为覆瓦状排列。

⑤ 雄蕊：10 枚，分离。外轮 5 轮发育，丁字药；内轮 5 枚退化成丝状。

⑥ 雌蕊：雌蕊着生于花托上，是由一个心皮组成的单雌蕊，顶端稍膨大的部分为柱头；基部膨大部分为子房；柱头和子房之间的细长部分为花柱。

观察雌蕊时，分析它属于何种子房位置？用刀片将子房纵切为二，观察胚珠着生位置，分析它属于何种胎座?

根据观察结果写出红花羊蹄甲花程式。

图 1-36　红花羊蹄甲的花

2. 鸡冠刺桐的花观察

取鸡冠刺桐花，用镊子从外向内剥离，观察其组成（图 1-37）。

① 花萼：基部合生、呈钟状。

② 花冠：由 5 片形状不同的花瓣组成蝶形花冠，呈两侧对称；最外面的 1 枚较大，为旗瓣，近于扁圆形，其内为 2 枚侧生的翼瓣，呈宽卵形，最里面的 2 枚花瓣合生成半圆形的龙骨瓣。

③ 雄蕊：位于龙骨瓣里面，呈弯曲状，共 10 枚，其中 1 枚离生，9 枚下部联合成筒状，为二体雄蕊。

④ 雌蕊：被包围在 9 枚联合雄蕊筒状结构之内，呈偏扁状，顶端具羽毛状柱头。注意观察子房位置，去掉花冠、雄蕊，细心解剖子房，观察它是由几个心皮组成，有几室，以及胚珠数目和胎座类型，并写出鸡冠刺桐花花程式。

3. 油菜的花观察

取油菜的花在放大镜下观察其外形，由外向内逐项观察下列各部（图 1-38）。

① 花萼：在花的最外层，由 4 枚绿色的、分离的萼片组成。

② 花冠：在花萼的内侧，由 4 枚黄色的、分离的花瓣组成。

③ 雄蕊群：在花冠内侧，共由 6 枚雄蕊组成，四长二短，每个雄蕊包括

图 1-37　鸡冠刺桐花的结构组成

两部分，上部是囊状体，叫花药。下部是丝状体，叫花丝。有些植物在雄蕊的基部有绿色小点，为密腺。

④ 雌蕊：位于花的中央，由柱头、花柱和子房三部分组成。

⑤ 花托：为以上四个部分共同着生之处，略为膨大的部分。

⑥ 花柄：在花托下面，是每朵花着生的小枝，是花与茎相接部分。

图 1-38　油菜花的结构组成

4. 百合的花观察

取百合的花，用镊子从外向内剥离，观察其组成（图 1-39）。

① 花被：花被片 6，花瓣状，白色，排成 2 轮，离生，为整齐花。

② 雄蕊群：6 枚，2 轮，丁字药。

③ 雌蕊群：3 枚心皮，合生，3 室，中轴胎座，子房上位。

根据观察结果写出百合花花程式。

图 1-39　百合花的结构组成

（二）花序类型的观察

采集下列各种植物的花序，供实验观察（图 1-40）。

① 总状花序：菜心、白花甘蓝；

② 穗状花序：青葙、马鞭草、红千层；

③ 头状花序：马缨丹、蟛蜞菊、朱缨花；

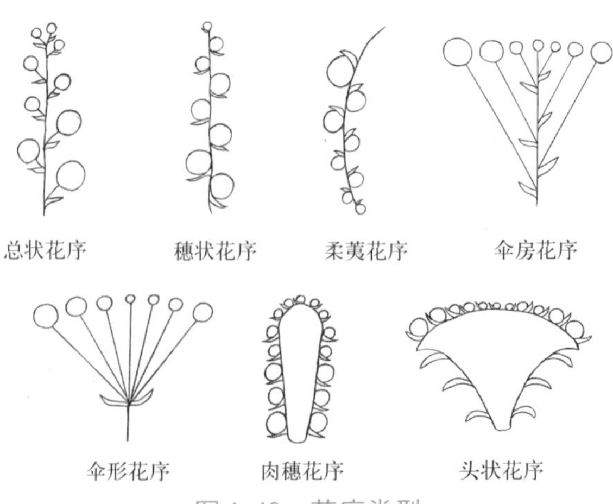

图 1-40　花序类型

④ 隐头花序：榕、高山榕、无花果；
⑤ 伞形花序：胡萝卜；
⑥ 伞房花序：山楂花、樱花；
⑦ 圆锥花序：杧果（芒果）、小蜡（山指甲）、阴香；
⑧ 单歧聚伞花序：唐菖蒲（剑兰）；
⑨ 二歧聚伞花序：夹竹桃、黄蝉、龙船花；
⑩ 轮伞花序：风轮菜。

（三）花药结构的观察

1. 造孢组织时期

取幼期百合花横切永久制片，置低倍镜下观察，可见花药的轮廓似蝴蝶形状，整个花药分为左右两部分，其中间由药隔相连，在药隔处可看到自花丝通入的维管束。药隔两侧各有两个花粉囊。看清花药轮廓后，转换高倍镜，再仔细观察一个花粉囊的结构，由外向内可见如下部位。

① 表皮：为最外一层细胞，细胞较小，具角质层有保护功能。

② 药室内壁（纤维层）：一层近于方形的较大的细胞，径向壁和内切向壁尚未增厚，壁内含有粉粒。

③ 中层：1 ～ 3 层较小的扁平细胞。

④ 绒毡层：是药壁的最内一层，由径向伸长的柱状细胞组成，这层细胞核较大，质浓，排列紧密。

绒毡层以内的药室中有许多造孢细胞，其细胞呈多角形，核大，质浓，排列紧密，有时可以见到正在进行有丝分裂的细胞。

2. 成熟花粉粒形成时期

取成熟百合花横切永久制片，置低倍镜下观察，可见表皮已萎缩，药室内壁的细胞径向壁和内切向壁上形成木质化加厚条纹，此时称纤维层，在制片中常被染成红色；中层和绒毡层细胞均破坏消失；两个花粉囊的间隔已不存在，二室相互沟通，花粉粒已发育成熟。选择一个完整的花粉粒，在高倍镜下观察，注意所见到的花粉粒呈什么形状，有几层壁，是否见到大小两个核，并考虑它们各有什么功能。

本实验也可以取其他植物近似成熟但尚未开裂的花药，作徒手横切，制成临时装片，置显微镜下观察（图 1-41）。

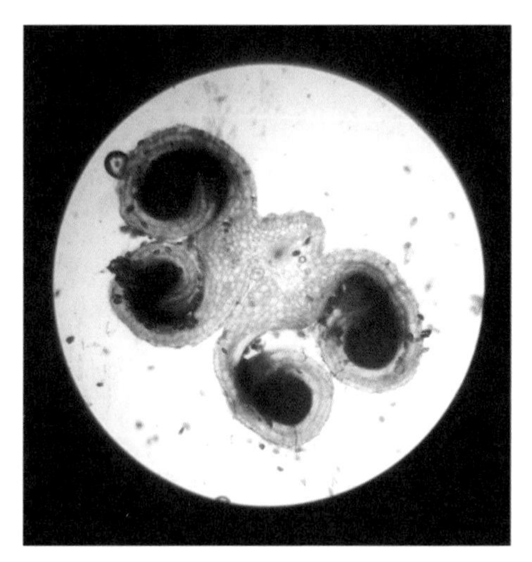

图 1-41 百合花成熟花药的结构（10×4）

（四）子房与胚珠结构的观察

取百合子房横切（示胚珠结构）永久制片，置低倍镜下观察，可见百合子房由 3 枚心皮联合构成，子房 3 室，每两个心皮边缘联合向中央延伸形成中轴，胚珠着生在中轴上，在整个子房中，共有胚珠 6 行，在横切面上可见每个室内有 2 个倒生的胚珠着生在中央上，称中央胎座（图 1-42）。转换高倍镜观察子房壁的结构，可见子房壁的内外均有表皮，两层表皮之间为圆球形薄壁细胞组成的薄壁组织。

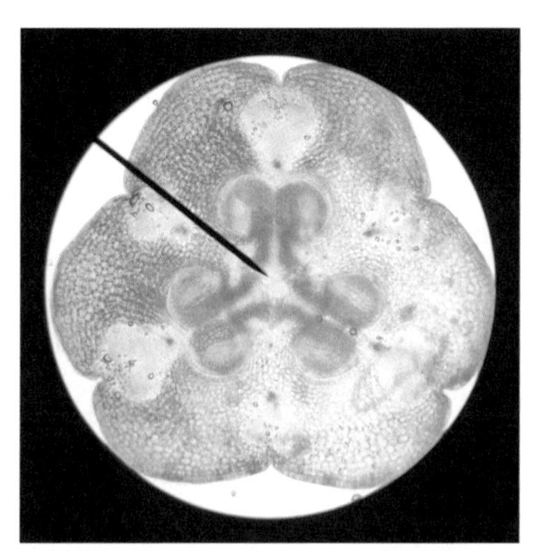

图 1-42 百合花子房与胚珠的结构（10×4）

再转换低倍镜，辨认背缝线、腹缝线、隔膜、中轴和子房室，然后选择一个通过胚珠正中的切面，用高倍镜仔细观察胚珠的结构。

① 珠柄：在心皮边缘所组成的中轴上，是胚珠与胎座相连接的部分。

② 珠被：胚珠最外面的两层薄壁细胞，外层为外珠被，内层为内珠被。两层珠被延伸生长到胚珠的顶端并不联合，留有一孔，即为珠孔。

③ 珠心：胚珠中央部分为珠心，包在珠被里面。

④ 合点：珠心、珠被和珠柄相联合的部分。

⑤ 胚囊：珠心中间有一囊状结构，即为胚囊。结合所观察材料的胚囊，试考虑此胚囊处于胚囊发育的什么时期。

五、实验作业

① 绘红花羊蹄甲花的纵剖面图和花图解，写出花程式。

② 以总状花序为对照，讨论、总结无限花序中穗状花序、伞房花序、伞形花序、头状花序和肉穗花序有何区别。

③ 绘百合成熟花药横切面结构图，并注明各部分结构名称。

④ 绘百合子房横切面结构图，并注明各部分结构名称。

六、思考与讨论

① 判断子房上位或下位的标准是什么？

② 为什么说花是一个适应生殖功能的变态的枝条？

③ 被子植物的减数分裂在什么形成时发生？

实验十 果实的结构与类型

果实的形成与受精作用有着密切联系。在受精作用的刺激下，胚珠外的子房壁形成果皮，果皮和由胚珠形成的种子共同构成果实。果实有单纯由子房发育而成的，也可以由花的其他部分如花托、花萼、花序轴等一起参与发育形成。果实的类型依据结构和发育可以有多种类型。

一、实验目的

① 了解被子植物果实类型和结构，为学习被子植物分类知识奠定基础。

② 观察并掌握果实的主要构造，了解果实各部分的发育来源。

③ 观察、了解和辨识常见水果、干果的类型及构造。

二、实验材料

多种植物的果实，包括葡萄、草莓、木瓜、梨、番石榴、李子、青椒、黄瓜、杧果、柑橘、番茄、豌豆、苹果、石榴、菠萝、核桃、板栗、瓜子、无花果、红枣、薏米、花生、山楂片、火龙果、阳桃、猕猴桃、桂圆、玉米、菠萝蜜等。

三、实验仪器、用具和药品

① 仪器：生物显微镜。

② 用具：解剖镜、放大镜、载玻片、盖玻片、镊子、刀片、解剖针、水果刀、砧板、湿纸巾。

③ 药品：醋酸洋红染色液、碘化钾、蒸馏水。

四、实验内容与方法

（一）果实结构的观察

（1）真果　取桃的果实（或李子的果实），将其纵剖，观察桃的果实的纵剖面，最外一层膜质部分为外果皮，其内肉质肥厚部分为中果皮，是食用部分，中果皮里面是坚硬的果核，核的硬壳即为内果皮，这三层果皮都由子房壁发育而来，敲开内果皮，可见一粒种子，种子外面被有一层膜质的种皮。

（2）假果　取苹果（或梨），观察苹果果柄相反的一端有宿存的花萼，苹果是下位子房，子房壁和花筒合生，用刀片将苹果横剖，可见横剖面中央有5个心皮，心皮内含有种子，心皮的壁部（即子房壁）分为3层，内果皮由木质的厚壁细胞所组成，纸质或革质，比较清楚明显；中果皮和外果皮之间界限不明显，均肉质化。近子房外缘为很厚的肉质花筒部分，是食用部分。通常花筒中有萼片及花瓣维管束10枚作环状排列。注意观察假果－苹果与真果－桃子有何不同，番木瓜果实为假果，辨析各结构组成（图1-43）。

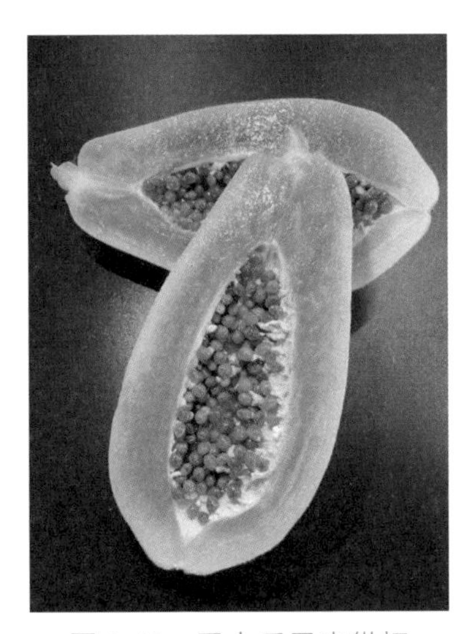

图1-43　番木瓜果实纵切

（二）果实的类型

取各种果实进行横切、纵切或用其他方法解剖观察，对照下列图解，识别果实各部分的来源和结构特点，识别主要果实类型的特征。

1. 单果

单果是由一朵花的单雌蕊或复雌蕊的子房发育形成的果实。根据果皮及其附属物的质地不同，单果可分为肉质果和干果两类，每类再分为若干类型。

（1）肉质果

① 浆果：由单雌蕊或复雌蕊发育而成，外果皮多为膜质，中、内果皮均

肉质多汁，充满着液汁，内含多数种子，例如番茄、茄、柿等。

将番茄果实横剖，其外果皮薄，中果皮和内果皮肉质多汁，中间部分为胎座，种子生于肉质化的中轴胎座上，子房2室或3室（但成熟的果实不一定，要从里面长出假隔壁分成多室）。番茄果实见图 1-44。

图 1-44 番茄果实

② 核果：核果由单雌蕊长成，内果皮由石细胞组成，特别坚硬，包在种子之外，形成果核，例如桃、梅、李、杏等。

取桃果纵剖之，可知为 1心皮组成，核内含一枚种子，果实最外面的皮为外果皮，包括表皮和表皮下的厚角组织；中果皮发达，全由薄壁细胞组成，包括表皮和表皮下的厚角组织，为食用的部分；内果皮坚硬包在种子外面，即平日所称的“核”，核内的种子即平日所称的“仁”。

③ 柑果：柑果亦属浆果，它是由多个心皮而具中轴胎座的子房发育而来的，例如柑橘属的果实。

取柑橘剖开观察之，外果皮和中果皮紧密连合，外果皮呈革质，有挥发油腺，中果皮中有许多分枝的维管束，内果皮膜质分隔成瓣（即橘瓣），里面长出许多肉质多浆的腺毛，是食用的主要部分（图 1-45）。

④ 瓠果：瓠果亦属浆果，除了子房外，花萼、花冠和雄蕊基部的组织也参与了其果实的发育过程，因此属于假果，例如南瓜、黄瓜、西瓜等。

取黄瓜果实横剖，可观察到黄瓜是由 3 个心皮组成的。种子着生腹缝线上，侧膜胎座、胎座肉质化特别发达，外果皮、中果皮、内果皮均肉质化，为食用的主要部分（图 1-46）。

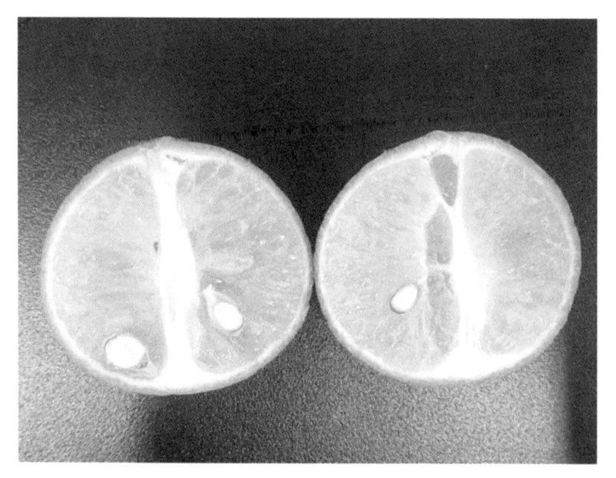

图 1-45　柑橘（贡柑）果实纵切

图 1-46　黄瓜果实（瓠果）横切

⑤ 梨果：梨果属假果，是由子房和花筒愈合一起发育形成果实，由多心皮组成，例如梨、苹果等属于此类。

取梨或苹果的果皮横剖之，果肉大部分是花筒形成的，中部才是由子房发育而来的，分别观察以下几个部分（图 1-47）。

a. 花筒：为肉质可食部分，占果实大半。

b. 果心线：仔细观察在萼筒部分靠近子房外缘，共有十个维管束，排成内外两轮，叫做果心线，外轮五个维管束是萼片的维管束，内轮五个维管束是花瓣的维管束。

c. 子房：在花筒之内，仅占中央一小部分，由五个心皮组成。

d. 分别观察心皮背束和腹束，外果皮和花筒之间没有明显的界限，而内果皮木质化呈薄膜状，包被在种子外面。

e. 种子：在子房室内，为木质化的内果皮所包。

图 1-47 梨的果实纵切

（2）干果 果皮干燥，成熟后果皮开裂或不开裂，因而可分为裂果和闭果。

① 裂果：一个果实内含多数种子，成熟后，果皮裂开散出种子。

a. 蓇葖果：由一心皮长成，成熟时，沿一个缝线（腹缝线或背缝线）裂开，例如八角茴香、梧桐、芍药、牡丹、飞燕草等。

b. 荚果：由一心皮单雌蕊长成熟时，沿背缝线、腹缝线裂开，这是豆科植物特有的果实，例如绿豆、豌豆、蚕豆等。

取绿豆的荚果观察，豆荚由子房壁发展而来，当果实成熟时，豆荚借弹力散布种子，种子附着在腹缝线上，属边缘胎座。

c. 角果：由两心皮合生，子房 1 室，是假隔膜，故分成 2 室，成熟时，果皮由下向上裂开成两片并脱落，只留假隔膜，这是十字花科植物所特有的。

观察油菜、白菜的果实，其为长角果。荠菜、独行菜的果实为短角果，扯开果皮，观察它们的假隔膜。

d. 蒴果：由多心皮组成，1 室或多室，每室含多个种子，果实成熟时有种种裂开的方式。

纵裂果实沿缝线纵向裂开，可观察牵牛花、棉花的果实注意各由哪边缝线裂开。

横裂（又叫盖裂）即果皮横裂为二，上部呈盖状，可观察马齿苋、车前的果实。

孔裂即观察罂粟的果实，在每个心皮的顶端，裂开一个小孔，在蒴果的上部有一圈小孔，种子很小，风摇果动，种子即大量从孔中飞出。

② 闭果：果实内只含一粒种子，成熟后，果皮不开裂。

a. 瘦果：成熟时果皮容易与种皮分离，有由 1 心皮长成的，也有由 2 心皮或 3 心皮长成的。

观察向日葵果实，压开果皮，观察果皮是否和种子容易分离，观察顶端是否有残留花柱；再观察荞麦的果实及其基部的缩萼，注意荞麦是由几个心皮长成的。

b. 颖果：果皮与种皮不易分离，这是禾本科植物所特有的。

比较一下水稻和小麦的果实，虽同属颖果，但它们在形态构造上有什么不同；思考一下瘦果、颖果等闭果，为什么容易被误为是种子。

c. 坚果：果皮具革质坚硬的壳，果实下方或外部有环状或一刺状的总苞。观察板栗的果实，果实外部，包着多刺的总苞。

d. 翅果：果皮延伸成翅状，适于风力传播的种子。

e. 分果：由复雌蕊具中轴胎座的子房发育而成，成熟后各心皮沿中轴分离，但各心皮不开裂，各含 1 粒种子。

f. 双悬果：由两个或两个以上的合生雌蕊生成各室，各含一枚种子，成熟时，每个心皮分离，这是伞形科植物所特有的果实。可观察胡萝卜的果实。

2. 聚合果

由一花中许多离生雌蕊形成的果实，每一雌蕊形成一个单果，许多单果聚集在一个花托上，成为聚合果（图 1-48）。根据小果性质不同，可分为以下几种。

图 1-48　草莓果实

（1）聚合蓇葖果　如八角茴香、玉兰、珍珠梅。

（2）聚合瘦果　多数瘦果聚生在一个膨大肉质花托上，如草莓。多数骨质瘦果，聚生在凹陷壶形花托里，如金樱子、蔷薇。

（3）聚合坚果　如莲。

（4）聚合核果　如悬钩子。

3. 聚花果

聚花果又称花序果、复果，整个花序形成一个果实，每一花形成一个单果。

观察桑葚，各花的子房发育为一个小坚果，包在肥厚多汁的花萼中，食用部分为花萼；再观察无花果是许多小坚果包藏在肉质内陷的束状花托内；凤梨（菠萝）很多花，长在花轴上，花不孕，花轴肉质化，为食用部分。

五、实验作业

① 参考本教材，认真观察各种常见的果实，根据其特征判断其果实类型。

② 将上述观察果实所得的结果填入表 1-7 中。

表1-7　果实的类型和特征

果实名称	果实类型	主要特征（果皮、胎座、开裂方式）
葡萄		
桃		
柑橘		
黄瓜		
苹果		
草莓		
花生		
板栗		
玉米		
八角		

六、思考与讨论

① 常见果实的类型及结构特征有哪些？

② 种皮的厚薄与果实的果皮之间是否有一定的相关性？

实验十一
藻类植物

藻类植物体常无根、茎、叶的分化；生殖器官通常为单细胞，并且有性生殖时合子发育不形成胚而是直接萌发形成新的植物体，这些植物常称为低等植物。低等植物是地球上最早出现的一类原始植物，常生活于水中或阴湿处。

一、实验目的

通过对常见藻类代表植物的观察，了解藻类植物的总体特征和生活习性。

二、实验材料

① 新鲜材料：海带、紫菜；

② 永久装片：海带带片横切永久装片、衣藻永久装片、水绵永久装片、发菜永久装片、紫菜横切永久装片。

三、实验仪器、用具和药品

生物显微镜、镊子、解剖针、刀片、载玻片、盖玻片、培养皿、纱布、吸水纸、蒸馏水等。

四、实验内容与方法

（一）实验内容

① 校园内采集水绵、绿藻等水生藻类。

② 以绿藻门水绵（或接合生殖）永久切片、红藻门紫菜（果孢子或精子囊）装片、褐藻门海带带片（或孢子囊）永久切片为材料，观察藻类植物的总体特征。

③ 取海带新鲜材料、永久制片观察。

（二）实验方法

1. 藻类植物

藻类植物是一类原始植物，在自然界中几乎到处都有分布。藻类植物一般都有进行光合作用的色素，为自养原植体植物，主要生长在水中，藻体结构比较复杂，生殖器官多数是单细胞。一般将藻类植物分为 8 个门，其中绿藻门、硅藻门、红藻门和褐藻门比较常见。

（1）绿藻门：水绵和衣藻是绿藻门的代表植物。水绵植物体为多细胞不分枝的丝状体，用手触摸有滑腻的感觉。取水绵接合生殖永久制片观察，显微镜下可见有两条平行靠近的丝状体之间相对的细胞各生出一个突起，形成了接合管，细胞中的原生质体收缩形成配子。两条水绵丝之间可以形成多个横向的接合管，外形很像梯子，特称为梯形接合，这是水绵有性生殖常见的结合方式。衣藻植物体是单细胞，体前端有两条顶生鞭毛，是衣藻在水中的运动器官（图 1-49）。

（2）硅藻门：硅藻也是常见的单细胞藻类，属硅藻门。取硅藻装片观察，硅藻的形状多样，有舟形、圆形、新月形、弓形、方形或其他形状。细胞壁由两个瓣片套合而成，高倍镜下可见瓣面上的花纹。原生质体有一个细胞核，还有一至几个金褐色的载色体，有的还具蛋白核。

（3）红藻门：紫菜是红藻门的代表植物。取其藻体标本观察，植物体由鲜紫红色的片状体组成。

（4）褐藻门：海带是褐藻门的代表植物。取其藻体标本观察，植物体（孢子体）大型，深褐色，可分为狭长带片、短柱形的柄和假根状的固着器三部分。

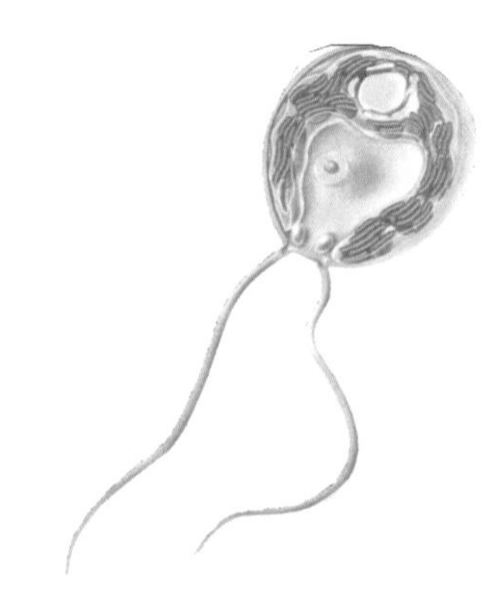

图 1-49　衣藻原图及其模式图（引自：Stern，2008）

2. 真核藻类：水绵

水绵是一种生活在淡水里的真核多细胞藻类，体内含有 1 ～ 16 条带状、螺旋形的叶绿体，生殖方式通常为断裂生殖和接合生殖（图 1-50）。

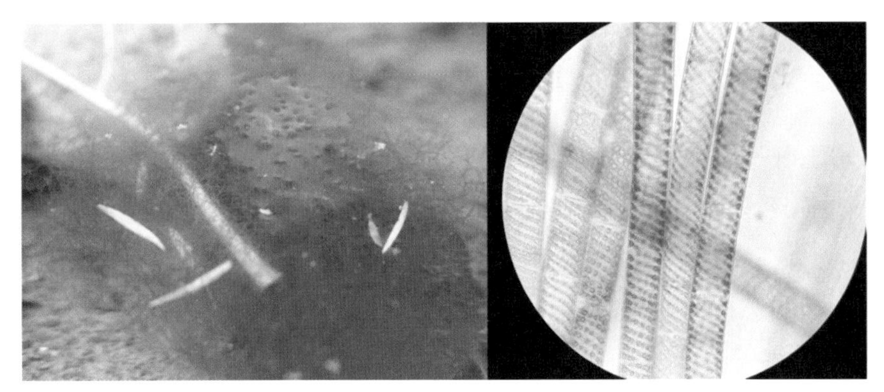

图 1-50　水绵及其显微图（10×4）

3. 真核藻类：紫菜

紫菜植物体是叶状体，藻体薄，紫红色、紫色或紫蓝色，单层细胞或两层细胞，外有胶层。细胞单核（图 1-51）。

图 1-51　紫菜及其显微图（10×10）

4. 海带新鲜材料、永久制片观察

（1）新鲜材料　辨认固着器、带柄、带片及带片上的孢子囊。

（2）海带带片永久制片　观察带片内部结构、孢子囊、隔丝。

（3）海带雌雄配子体永久制片　观察海带雌雄配子体的形态和结构。

五、实验作业

选绘两种藻类植物，示显微镜下的藻体形态和结构。注：要求写出所绘植物的拉丁学名（附于中文名之后）；注意各藻类植物的大小、粗细比例。

六、思考与讨论

简述孢子、配子、孢子体、配子体、孢子体世代和配子体世代等名词术语的具体含义。

实验十二
苔藓植物与蕨类植物

苔藓植物是一群小型的多细胞绿色植物，其内部构造简单，无中柱，但由于苔藓植物具有拟似茎、叶的分化，孢子散发在空中，对陆生生活具有适应性，因此在早期植物界从海洋走向陆地的演化中具有重要的生物学意义。苔藓植物和蕨类植物一样具明显的世代交替现象，但是蕨类植物的孢子体远比配子体发达，并有根、茎、叶的分化，内中有维管组织；蕨类的孢子体和配子体都能独立生活，此点和苔藓植物及种子植物均不相同。因此，就进化水平看，蕨类植物是介于苔藓植物和种子植物之间的一个大类群。

一、实验目的

① 通过对苔藓植物门代表植物的外部形态和内部构造的观察，掌握苔藓植物的主要特征和生活习性。

② 通过对常见蕨类代表植物的观察，了解蕨类植物的主要特征和生活习性。

二、实验材料

① 新鲜材料：地钱、葫芦藓的腊叶标本或浸制标本，光萼苔属、泥炭藓属等植物标本。

② 永久装片：地钱精子器托纵切片，颈卵器纵横切片。葫芦藓精子器，颈卵器纵切片；卷柏、木贼孢子叶球纵切片、蕨叶横切片、蕨原叶体（具精子器和颈卵器）。

③ 植物标本：石松属、卷柏属、蕨属等。

三、实验仪器、用具和药品

① 仪器与用具：显微镜、放大镜、载玻片、盖玻片、擦镜纸、镊子、解剖针、剪刀、刀片、吸水纸、滴管。

② 药品：醋酸洋红染色液、稀碘液、纯净水。

四、实验内容与方法

（一）苔藓植物

1. 地钱

地钱属于苔纲，分布很广，多生于阴湿地带，水沟旁边或井边。

（1）配子体　取地钱新鲜标本或液浸标本，用放大镜观察。地钱为绿色扁平的二叉分枝叶状体，腹面（贴地的一面）有鳞片和假根，背面（背地的一面）有许多菱形小格，它是气室的界限，每个小格的中央有一小白点即气孔，生长点位于凹入处。地钱为雌雄异株，雄托盘状，边缘浅裂，许多精子器埋于托盘生殖器腔内；雌器托的柄较长。托盘有 8 ～ 10 条下垂的指状芒线。有些叶状体背面生有芽杯，杯内生胞芽，胞芽是地钱营养繁殖结构。用刀片将地钱叶状体横切制成小装片，观察营养体的内部结构。最上面一层是表皮细胞，其中烟囱状的即气孔，气孔下面空隙即气室，气室下部生有许多含叶状体的直立细胞为地钱的同化组织，同化组织下为大型无色细胞，内含淀粉和油滴，为贮藏组织。最下一层为下表皮，其下生有许多细胞组成的鳞片和单细胞的假根（图 1-52）。

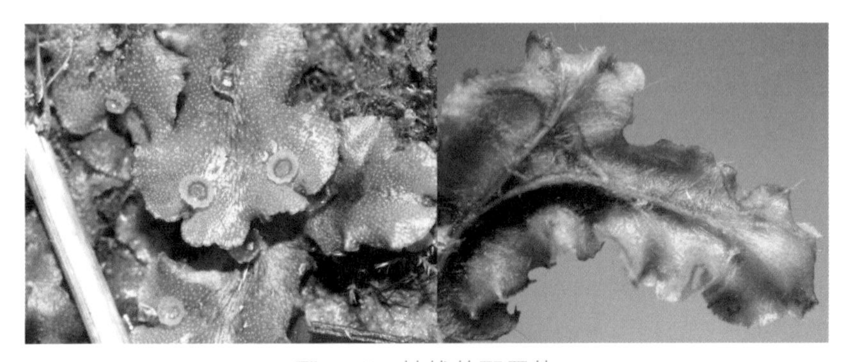

图 1-52　地钱的配子体

（2）雄器托和雌器托　分别取地钱雄器托、雌器托纵切片观察。雄器托的托盘上有许多精子器腔，其内各有一个卵圆形精子器，有一柄附着于腔底。精子器外有一层由多细胞组成的壁，其内有多个精母细胞，可产生许多精子。在雌器托的纵切片中，可见托柄顶端芒线间倒悬着一列颈卵器，像一长颈瓶。膨大的腹部在上，内有一卵细胞和一个腹沟细胞，颈部细长中央有一列颈沟细胞（图 1-53）。

图 1-53　地钱的雄器托和雌器托

（3）孢子体　取孢子体纵切片，置显微镜下观察，地钱孢子体分孢蒴、基足、蒴柄三部分：①基足为球形或倒伞形，埋于颈卵器基部组织中，是固着器官，并有从配子体吸收养料的功能。②蒴柄较短，一端与基足相连，另一端与孢蒴相连。③蒴柄顶端膨大部分为孢蒴（孢子囊），球形或卵形，壁由单层细胞构成，孢蒴内是多数孢子和弹丝，孢子椭圆形，弹丝为尖长的细胞，壁上具有螺旋状加厚带，孢子借弹丝的作用可散布出去（图 1-54）。

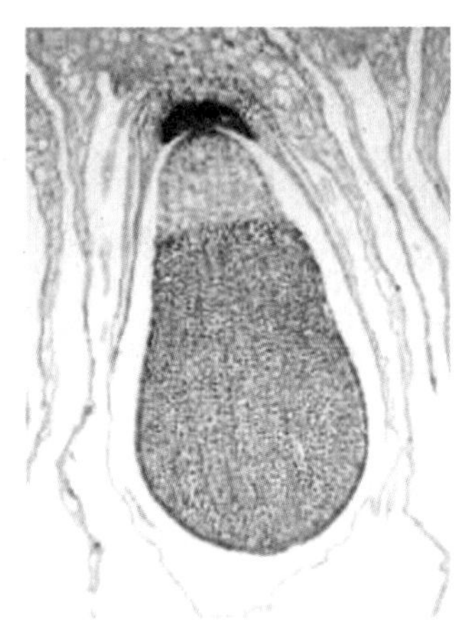

图 1-54　地钱的孢子体（引自：Stern，2008）

2. 葫芦藓

葫芦藓属于藓纲。多分布于阴湿的林下、山坡、墙角、庭园等处（图 1-55）。

（1）配子体　取葫芦藓观察。植株高 1 ～ 3cm，分茎、叶、假根三部分。茎多分枝，叶丛生于茎的上部，卵形或蛇形，在基部生有许多毛状假根。茎的顶端具生长点，雌雄同株，雄性生殖器生于顶端，叶形宽大且向外张开，叶丛中生有许多精子器和侧丝，产生雄性生殖器的枝端叶似顶芽，其中生有数个颈卵器。

（2）精子器及颈卵器　分别取雄枝和雌枝顶端纵切片或雄枝和雌枝标本，在解剖镜下用解剖针剥掉雄枝和雌枝顶端的苞片，即可看到棒状的精子器和颈卵器。精子器丛生，椭圆形或长卵形，基部有短柄，壁由一层细胞组成，内有精子，侧丝分布于精子器之间，雄枝顶端的颈卵器数目较少，颈卵器瓶状，其壁由一层细胞组成，颈部较长，内有一串颈沟细胞，腹部膨大，内有一个卵细胞和一个腹沟细胞，受精时精子进入颈卵器和卵细胞融合，形成合子，合子在颈卵器内发育成胚，由胚再生长成孢子体。

（3）孢子体　取葫芦藓长有孢子体的雌枝观察。孢子体生于雄配子枝的顶端，外形分三部分：①基足。插入雄配子体顶端组织内，外观上不易看见。②蒴柄。细长的蒴柄开始很短，蒴柄成熟后伸长。③孢蒴。即蒴柄顶端的囊状物，像一个歪斜的葫芦，孢蒴上有蒴帽，揭去蒴帽可以看见蒴盖，用解剖针轻轻剥掉蒴盖，露出蒴口及蒴口周围的蒴齿。

取孢蒴纵切片，置显微镜下观察，首先区分蒴盖、蒴壶、蒴台三部分，上部隆起处即蒴盖，下面“八”字形加厚条为蒴齿，中部为蒴壶，下部为蒴台。由外向里观察，蒴壶外有一层表皮细胞，表皮内为薄壁组织，中央为蒴轴，蒴轴周围为造孢组织，孢子母细胞即来源于此。孢子母细胞减数分裂后，形成孢子，孢子成熟后，借蒴齿干湿性伸缩运动而弹出。

图 1-55　葫芦藓的配子体和孢子体

（二）蕨类植物

1. 卷柏属

卷柏属于石松亚门，卷柏目，卷柏科（图 1-56）。多生于山地、潮湿林下、草地、岩石或峭壁上。可取卷柏或中华卷柏腊叶标本用放大镜观察。其为多年生草本，茎分枝，枝匍匐地面，在茎上有许多鳞片状小叶，排成四行，侧叶较大，中叶较小，无叶的分枝叫根托，生有许多不定根。孢子叶球四棱形，生于枝端，每个孢子叶基部着生孢子囊，孢子叶产生两种大小不同的孢子，同生在一个孢子叶球，分别生在不同的两个孢子囊中。小孢子囊生于上部，内产生多个小孢子；大孢子囊生于基部，内有四个大孢子。

取卷柏孢子叶球纵切片，观察孢子叶在穗轴上的排列以及孢子囊的位置和孢子的形状。

图 1-56　卷柏

2. 问荆属

问荆属于楔叶蕨亚门、木贼科。多分布于潮湿的林缘、山地、河边、沙土及荒地等。可取问荆新鲜或腊叶标本观察。其为多年生草本，地上茎和地下茎皆有明显的节和节间。地下茎横走，节处生有不定根，地上茎直立，中空，有棱脊，节处生有一轮鳞片叶，彼此连接成鞘，边缘呈齿状。有营养枝和生殖枝之分，营养枝绿色，节上有许多轮生的分枝，顶部不产生孢子囊；生殖枝黄白色，直立，不分枝，孢子叶球生于枝端。

取孢子叶球观察，为椭圆形笔头状，由许多特化的六角形孢子叶聚生在一起，用镊子取下一孢子叶，放在解剖镜下观察，其六角形盾状体，下部为柄，柄周围悬挂有 5 ～ 10 枚孢子囊。成熟时，囊内有许多孢子。用解剖针拨开孢子囊，置于显微镜下观察，孢子同型，孢子外壁分裂成四条弹丝将孢子围住，孢子借弹丝干湿运动散出（图 1-57）。

图 1-57 问荆

3. 蕨属

蕨属于真蕨亚门，水龙骨目，蕨科。多生于山地林下或林缘等处。可取蕨腊叶标本观察。其植物体较大，包括地下茎、根、叶柄、叶片等。根状茎横走，两叉分枝，向下生有许多不定根，向上生直立大型羽状复叶，无地上气生茎。叶为三回羽状复叶，叶片卵形至卵状三角形，幼时拳卷，在叶的小羽片背面边缘，形成长条形的孢子囊群，囊群盖线形，生于小羽片边缘，背卷，将囊盖住，为膜状假囊群盖。

取蕨的根状茎横切片在显微镜下观察其内部构造。最外层为表皮，其内为皮层机械组织，机械组织之内为薄壁组织。维管束分离，在茎内排列为两环。在内外维管束之间也有机械组织，维管束最外面为维管束鞘，其内为木质部，木质部为中始式。

取蕨的孢子囊群，制成水装片，在显微镜下观察孢子囊的构造。孢子囊扁平形具多细胞的长柄和单层细胞的壁，有一条纵列的环带，环带细胞均木质化增厚，其中两个不加厚的称唇细胞，孢子成熟时，由于环带的反卷作用，在唇细胞处横向裂开，并将孢子弹出，孢子同型。

取原叶体装片，观察原叶体的构造。蕨的孢子散出，落在适宜的环境中，到第二年春天开始萌发成一个扁平心脏形的配子体，即原叶体。原叶体很小，长宽都不过数毫米，周边由一层细胞构成，中部略厚为数层细胞，细胞内含叶绿体，能进行光合作用。顶端凹处为生长点，下端腹面生有假根。雌雄同体，颈卵器着生在配子体向地面的凹口附近，构造简单，分颈部和腹部，颈部较短，腹部有一个卵；精子器着生在腹面下半部，球形，构造很简单，壁为单层细胞，其内可产生 30 ～ 50 个精细胞，精子成熟为螺旋形，具多数鞭毛，游进颈卵器与卵受精，后发育成胚，胚再长成孢子体（图 1-58）。

图 1-58　金毛狗蕨

五、实验作业

① 绘所观察的苔藓常见植物的形态图，示配子体和孢子体。

② 绘采自校园的蕨类植物形态图，示根、茎、叶和孢子囊群形状。

六、思考与讨论

① 总结苔藓植物和蕨类植物有哪些适应陆地生活的特征。

② 比较卷柏和蕨的中柱有哪些不同，生活史有何不同。

实验十三
裸子植物

裸子植物为多年生木本植物，大多为单轴分枝的高大乔木，少为灌木，稀为藤本；次生木质部几乎全由管胞组成，稀具导管。胚珠裸露，着生在大孢子叶边缘或叶轴上，形成球果状，发育成种子，不形成果实。裸子植物在植物分类系统中，通常作为一个自然类群，成为裸子植物门或亚门，分为苏铁纲、银杏纲、松柏纲、红豆杉纲及买麻藤纲。

一、实验目的

① 观察苏铁纲、银杏纲、松柏纲、红豆杉纲的主要特征。

② 观察常见的裸子植物或其标本，掌握裸子植物的主要特征。

二、实验材料

① 新鲜材料：苏铁（*Cycas revoluta*）、银杏（*Ginkgo biloba*）、马尾松（*Pinus massoniana*）、竹柏（*Nageia nagi*）、罗汉松（*Podocarpus macrophyllus*）、南洋杉（*Araucaria cunninghamii*）、侧柏（*Platycladus orientalis*）、圆柏（*Juniperus chinensis*）。

② 永久装片：松针叶横切永久装片，松雌、雄球果纵切永久装片，松木材三切面永久装片，松木离析装片（示管胞）永久装片，银杏叶横切永久装片。

③ 植物标本：苏铁、马尾松、杉木（*Cunninghamia lanceolata*）、南方红豆杉（*Taxus wallichiana* var. *mairei*）等裸子植物标本。

三、实验仪器、用具和药品

① 仪器与用具：光学显微镜、擦镜纸、解剖刀、镊子、刀片、载玻片、盖玻片。

② 药品：醋酸洋红染色液、蒸馏水。

四、实验内容与方法

1. 裸子植物的特征

① 孢子体发达。

② 具有胚珠，形成种子，但没有子房形成果实。

③ 形成球花。裸子植物的大小孢子叶大多聚集组成球果状，小孢子叶球又称雄球花；大孢子叶球又称为雌球花，由大孢子叶（心皮）丛生或聚生而成。

④ 配子体进一步退化寄生在孢子体上。

⑤ 形成花粉管，受精作用不再受水的限制。

2. 苏铁纲

（1）主要特征

① 以苏铁为代表，为常绿观赏乔木，主干粗壮不分支，顶端簇生大型羽状深裂的复叶。雌雄异株。

② 小孢子叶球生于茎顶，圆柱形，其上螺旋状排列许多小孢子叶，小孢子叶鳞片状，其上具有许多小孢子囊。

③ 大孢子叶生于茎顶，密被黄褐色茸毛，上部羽状分裂，下部长柄上生有 2 ～ 6 个胚珠。

（2）实验内容　观察苏铁大、小孢子叶球，注意大孢子叶上面密生的茸毛和胚珠着生的位置，注意小孢子叶在轴上的排列方式和小孢子叶背面的小孢子囊（图 1-59）。

图 1-59　苏铁的小孢子叶球（左）、大孢子叶球（右）

3. 银杏纲

用新鲜或干燥的银杏营养枝和生殖枝观察银杏的形态特征（校园植物银杏或其腊叶标本）。观察银杏大孢子叶球和小孢子叶球的构造，注意小孢子叶球的外形、大孢子叶球的 2 个珠领上直立的胚珠。

取银杏种子纵切，观察外种皮、中种皮、内种皮、胚和胚乳。银杏种子分 3 层，外种皮厚，肉质；中种皮骨质呈白色，内种皮红色，膜质。

4. 松柏纲

（1）松科

① 主要特征　a. 乔木、少灌木。叶针形、条形，单生或簇生 2 ～ 5 针，螺旋排列。

b. 球花单性同株，雄球花腋生或单生枝头，或多聚生于短枝顶端，雄蕊多个，具有 2 花药，花粉具气囊或无。

c. 雌球花由多数螺旋排列的珠鳞和苞鳞组成，珠鳞腹面有 2 个倒生胚珠，种子上部有翅。

② 实验内容　a. 观察马尾松形态特征：为常绿乔木，叶长而软，大小孢子叶球同株，小孢子叶球多数，集生于新枝下部，大孢子叶球单生或 2 ～ 4 枚生于新枝顶端（图 1-60）。

b. 观察永久装片，将实验中所观察到的马尾松形态特征做成表格。

图 1-60　马尾松的大孢子叶球、小孢子叶球

（2）杉科

① 主要特征　a. 叶披针形、钻形、条形或鳞状，互生，螺旋状排列或 2 列（水杉属的小叶柄常对生且扭转形成一平面状）。

b. 小孢子无气囊，苞鳞与珠鳞半合生，每种鳞 2 ～ 9 粒种子。

② 实验内容　a. 观察水杉（*Metasequoia glyptostroboides*）叶的形态，排列方式，气孔带。

b. 观察水杉大孢子叶球珠鳞和苞鳞的愈合情况。

c. 观察水杉小孢子叶的排列方式，小孢子囊数目及小孢子有无气囊（图 1-61）。

图 1-61　水杉

（3）柏科

① 观察圆柏、侧柏的外形：比较叶的着生情况。

② 观察侧柏大孢子叶球、球果。

③ 观察对交互对生的珠鳞，中间 2 对生胚珠。

④ 观察侧柏小孢子叶球、小孢子囊、小孢子。

5. 红豆杉纲

（1）红豆杉科　乔木，叶披针形螺旋状着生；小孢子叶有 3 ～ 9 个花粉囊，小孢子无气囊；胚珠直生，基部有盘状或漏斗状的珠托。种子有由珠托变成的假种皮。

实验观察：用南方红豆杉新鲜标本和腊叶标本观察红豆杉科的主要特征。

（2）罗汉松科　常绿乔木或灌木，雌雄异株。叶螺旋状排列。小孢子叶球穗状；大孢子叶球不为球果状，大孢子叶特化为套被而包围在胚珠之外。种子具假种皮（由套被发育而来），有时具托苞片发育而成的肉质种托。

实验观察：用新鲜标本和腊叶标本观察罗汉松科的主要特征（以及校园植物罗汉松观察）。

五、实验作业

① 绘校园马尾松枝条形态图，示长枝、短枝和雌、雄球果。

② 绘马尾松或侧柏珠鳞，示胚珠；绘马尾松花粉粒，示气囊。

③ 总结校园裸子植物的种类。

六、思考与讨论

① 如何区分松、杉、柏三个科?

② 在实验观察或日常生活中如何区分裸子植物?

实验十四
被子植物（一）

被子植物是植物界最高级的一类。与裸子植物相比，被子植物孢子体高度发达，而配子体进一步退化（简化）。此外，被子植物有真正的花，雌蕊中的子房在受精后发育成果实，并具有双受精现象。

木兰科（Magnoliaceae）：为木本植物。树皮、叶和花有香气。单叶互生，全缘或浅裂；托叶早落形成托叶环。花大型，单生，两性，偶单性；花被呈花瓣状，多少可区分为花萼及花冠；雄蕊多数，分离，螺旋状排列在伸长的花托下半部；花丝短，花药长；雌蕊多数，分离，螺旋状排列于伸长花托的上半部。聚合蓇葖果或聚合翅果。

蔷薇科（Rosaceae）：为草本植物，灌木或乔木，常有刺及明显皮孔。叶互生，稀对生，单叶或复叶，托叶常附生于叶柄上而成对。花两性，辐射对称，花被与雄蕊常愈合成花筒，花萼、花冠和雄蕊看起来从花筒上面长出；花瓣覆瓦状排列；雄蕊常多数，花丝分离；子房上位或下位，心皮一至数个。果实有梨果、核果、瘦果和蓇葖果等。本科根据心皮数、子房位置和果实特征可分为绣线菊亚科、蔷薇亚科、苹果亚科和梅亚科。

桑科（Moraceae）：为木本植物。常有乳汁，具钟乳体。单叶互生；托叶明显、早落。花小、单性，雌雄同株或异株；聚伞花序常集成头状、穗状、圆锥状花序或隐于密闭的总（花）托中而成隐头花序；花单性。坚果或核果，有时被宿存之萼所包，并在花序中集合为聚花果。

一、实验目的

① 了解木兰科、蔷薇科、桑科代表植物形态结构的主要特征和生活习性。

② 识别各科常见植物。

二、实验材料

新鲜材料：校园采集的木兰科植物如白兰（*Michelia×alba*）、黄缅桂

（*Michelia champaca*）、荷花木兰（*Magnolia grandiflora*）、玉兰（*Yulania denudata*）、紫玉兰（*Yulania liliiflora*），蔷薇科植物如桃（*Prunus persica*）、山樱花（*Prunus serrulata*）、沙梨（*Pyrus pyrifolia*）、枇杷（*Eriobotrya japonica*），桑科植物如榕树（*Ficus microcarpa*）、黄葛树（*Ficus virens*）、垂叶榕（*Ficus benjamina*）、黄金榕（*Ficus microcarpa* 'Golden Leaves'）、印度榕（*Ficus elastica*）、高山榕（*Ficus altissima*）、无花果（*Ficus carica*）。

三、实验仪器、用具和药品

① 仪器与用具：显微镜、放大镜、载玻片、盖玻片、擦镜纸、镊子、解剖针、剪刀、刀片、吸水纸、滴管、枝剪。

② 药品：醋酸洋红染色液、稀碘液、蒸馏水。

四、实验内容与方法

（一）木兰科

木本植物。单叶互生，有托叶。花单生；花被 3 基数，两性；常同被；雄蕊及雌蕊多数、分离、螺旋状排列于伸长的花托上，子房上位。蓇葖果。

观察白兰植物：常绿乔木，幼枝及芽密被淡黄白色柔毛。单叶，叶薄革质，长椭圆形或披针状椭圆形，先端长渐尖或尾尖，基部楔形，上面无毛，下面疏被微柔毛，网脉稀疏，干时明显；叶柄疏被微柔毛，托叶痕达叶柄近中部。花白色，香，花被片 10，披针形；雄蕊多数，分离；心皮多数，分离（图 1-62）。聚合果蓇葖疏散，蓇葖革质，鲜红色。

试比较黄缅桂与白兰有何主要区别。

（二）蔷薇科

叶互生，常有托叶。花两性，整齐；花托凸隆至凹陷；花部 5 基数，轮状排列；花被与雄蕊常结合成花筒；子房上位，少下位。

观察桃：隶属于梅亚科。为乔木，小枝无毛。叶披针形，先端渐尖，基部宽楔形，具锯齿。花单生，先叶开放；花梗极短或几无梗；萼筒钟形，萼片卵形或长圆形，被柔毛；花瓣长圆状椭圆形或宽倒卵形，粉红色；花药绯红色（图 1-63）。核果卵圆球形。

图 1-62　白兰花及其雌雄蕊群结构

图 1-63　桃花及其雌雄蕊结构

（三）桑科

木本植物，常有乳汁。单叶互生。花小，单性，集成各种花序，单被花，4 基数。坚果、核果集合为各式聚花果。

观察榕树及其花、花序：乔木，小枝粗，无毛。叶薄革质，窄椭圆形，全缘，先端短尖或渐尖，基部楔形，两面无毛，侧脉 3 ～ 10 对；托叶披针形。榕树隐头花序成对腋生或生于无叶小枝叶腋，球形，熟时黄或微红色。雄花、瘿花、雌花同生于榕果内壁；雄花极少数，生于榕果内壁近口部，花被片 2，披针形；瘿花似雌花，子房红褐色，花柱短，线形（图 1-64）。

图 1-64　榕

五、实验作业

① 绘制一段白兰小枝，并标示托叶痕及叶互生。

② 绘制一朵白兰花，可除去一部分花被，标示出雄蕊与雌蕊的着生位置。

③ 总结校园内木兰科、蔷薇科和桑科的植物种类。

六、思考与讨论

① 比较木兰属与含笑属有什么不同的地方，有什么代表种类。

② 如何理解木兰目是现代被子植物中最原始一个类群之一？

③ 举例说明聚合果和聚花果的区别。

④ 举例说明柔荑花序和隐头花序的区别。

实验十五
被子植物（二）

豆科（Fabaceae）：木本或草本植物。常有根瘤。单叶或复叶，互生，有托叶，叶枕发达。花两性，5 基数；花萼 5，结合；花瓣 5，辐射对称至两侧对称；雄蕊多数至定数，常 10 个，往往为两体；雌蕊 1 心皮，1 室，含多数胚珠。荚果。种子无胚乳。本科植物依据花的形状及花瓣排列的方式，可分为 3 个科，分别为苏木亚科、蝶形花亚科和含羞草亚科。

锦葵科（Malvaceae）：草本或木木植物。纤维发达。单叶，互生，常为掌状脉及掌状裂，有托叶。花大，单生或呈蝎尾状聚伞花序；萼 5 裂，常具副萼；花瓣 5 片，旋转排列；雄蕊多数，花丝合生成筒状，单体雄蕊；子房上位，中轴胎座。蒴果。

菊科（Asteraceae）：常为草本植物。舌状花有乳汁；叶互生。头状花序，有总苞，合瓣花冠，筒状或舌状；聚药雄蕊，子房下位，1 室，1 胚珠。连萼瘦果，屡有冠毛。

一、实验目的

① 认识了解豆科三个亚科、锦葵科、菊科的代表植物形态结构特征。

② 学习植物检索表的使用。

二、实验材料

校园采集的含羞草亚科植物银合欢（*Leucaena glauca*），苏木亚科植物黄槐决明（*Senna surattensis*），蝶形花亚科植物豌豆（*Pisum sativum*），锦葵科植物朱槿（*Hibiscus rosa-sinensis*），菊科植物南美蟛蜞菊（*Sphagneticola trilobata*）和藿香蓟（*Ageratum conyzoides*）。

三、实验仪器、用具和药品

① 仪器与用具：显微镜、放大镜、载玻片、盖玻片、擦镜纸、镊子、解剖针、剪刀、刀片、吸水纸、滴管。

② 药品：醋酸洋红染色液、稀碘液、纯净水。

四、实验内容与方法

（一）含羞草亚科

银合欢作含羞草亚科的代表植物观察（图 1-65）：

银合欢为灌木或小乔木→叶是（？）→托叶（？）→花是单花（？）或是花序（？）→（？）花序→解剖花→花瓣、花萼（？）→雄蕊的数目（？）和花丝情况（？）→雌蕊（？）枚→（？）子房→银合欢的果观察→（？）果。

图 1-65　银合欢花序

（二）苏木亚科

黄槐决明作苏木亚科的代表植物观察（图 1-66）：

黄槐决明是小乔木→叶子（？）复叶→（？）花序→取一朵刚开的花来观察→花的对称性→花瓣 5 个→（？）排列→雄蕊（？）个→雌蕊（？）个→子房上位，略扁平→果有（？）特点。

（三）蝶形花亚科

豌豆作蝶形花亚科的代表植物观察（图 1-67）：

豌豆的枝条观察→叶子（？）特点→豌豆的花观察→花萼和花冠（？）→花冠称它为（？）→分清旗瓣、翼瓣、龙骨瓣→雄蕊的数目及是否合生→雄蕊（？）→取豌豆的果观察→属于（？）果。

图 1-66　黄槐决明花序

图 1-67　豌豆

（四）锦葵科

朱槿作锦葵科的代表植物观察（图 1-68）：

取一小枝用手剥取一些皮→（？）坚韧→（？）原因所致→叶片是（？）叶→（？）着生→（？）托叶→小枝或叶（要选取幼嫩的枝条）放在解剖镜下观察→（？）毛→这些毛的排列（？）→取一朵花→花的最外面有一轮（？）片→称它为（？）→花萼基部连合成（？）状→顶端分裂→花瓣 5 个→分离→（？）状排列→雄蕊连合成（？）雄蕊→花药（？）室→纵切→雌蕊着生（？）→子房（？）位→（？）室→它与花柱的裂有（？）关系。

图 1-68　朱瑾（大红花）

（五）菊科

南美蟛蜞菊作菊科的代表植物观察（图 1-69）：

取一段小枝观察特点→取它的花序观察，能区别其为（？）花序→注意在花序的外面有（？）包被着→在这个花序里→花的形状是（？）型或是（？）型→排列的方法（？）→在花序中取一朵舌状花和一朵筒状花观察→它们的构造（？）不同→在解剖镜下小心将花冠剖开→观察雄蕊（？）个→花药（？）特点→雌蕊（？）个心皮组成→子房位置（？）→取它的果实观察→它属于（？）果。

图 1-69　蟛蜞菊头状花序

藿香蓟作菊科的另一类型的代表植物观察（图 1-70）：

藿香蓟的花序排列（？）→取一个花序观察→它和野黄菊的花序有（？）不同→在花序的外面（？）总苞包着→总苞（？）轮苞片组成→观察花序中

的花型（？）或是（？）型花→从花序中取一朵花观察→它与野黄菊的管状花比较不同→取一个瘦果放在解剖镜下观察→瘦果的顶端有具芒的鳞片（？）枚→这些鳞片是由（？）演变来的。

图 1-70　藿香蓟花序

（六）植物检索表

学习如何使用植物检索表：

1. 观察

对要检索鉴定的校园菊科植物进行细致观察。

2. 根据下列项目列出其所属特征

①头状花序内的花是：同型或异型（有舌状和管状之分）。②同型花序的花是：管状或舌状。③总苞：由多少列苞片组成？每苞片形态如何？④花序的直径。⑤花的颜色。⑥花萼演变成：冠毛或钩刺。

校园菊科植物检索——等距式检索表（春季）

1. 花序钟状，花全为管状，无舌状花。
  2. 叶互生。
    3. 头状花序多花。

4. 花序总苞片二或多列。

5. 花紫红色。

6. 头状花序小，直径约 2.5mm……夜香牛 *Cyanthillium cinereum*

6. 头状花序大，直径 8 ～ 10mm………… 糙叶斑鸠菊 *Acilepis aspera*

4. 总苞片 1 列。

5. 叶背略红，叶通常无柄而抱茎，花粉红色，花序直径约 5mm ……………………………………………………………一点红 *Emilia sonchifolia*

5. 叶背绿，花序直径约 10mm，总苞基部有数枚极小的外苞片，花橙色……………………………………… 野茼蒿 *Crassocephalum crepidioides*

3. 头状花序有花 2 ～ 5 朵，数个聚成一头状体，花白色 ……………………………………………………白花地胆草 *Elephantopus tomentosus*

2. 叶对生，头状花序白色或紫蓝…………………………藿香蓟 *Ageratum conyzoides*

1. 头状花序有边缘花和管状花。

2. 头状花序盘状，边缘花舌状。叶对生。

3. 瘦果的冠毛为 2 ～ 4 枚被倒毛的芒刺，叶为羽状复叶，小叶 3 ～ 7 片 ………………………………………………………………鬼针草 *Bidens pilosa*

3. 瘦果无冠毛。

4. 总苞的外苞片线状匙形，有腺体……… 豨莶 *Sigesbeckia orientalis*

4. 总苞外苞片多卵形，无腺体，头状花序具长柄。

5. 花黄色，头状花序径 10 ～ 25mm……南美蟛蜞菊 *Sphagneticola trilobata*

5. 花白色，头状花序径约 6mm，植株的汁液黑墨色………鳢肠 *Eclipta prostrata*

2. 头状花序钟状，边缘花条状，花序径 3 ～ 5mm，白色，冠毛丰富，叶互生…………………………………………………小蓬草 *Erigeron canadensis*

1. 头状花序钟状，花全部舌状，黄色。

2. 总苞片 1 列，基部有小苞片数枚，头状花序宽 3 ～ 5mm ……黄鹌菜 *Youngia japonica*

2. 总苞片 2 ～ 3 列，头状花序宽 10 ～ 15mm……………苦苣菜 *Sonchus oleraceus*

五、实验作业

① 通过豆科三亚科的实验，将三亚科的主要区别写出来。

② 学习菊科植物检索表的使用。选择 5 种校园菊科植物，按“检索表”依次核对特征，鉴定出植物名称，并写出检索实验报告。

六、思考与讨论

① 豆科三亚科形态特征的主要区别是什么?

② 菊科为什么能成为被子植物的第一大科?

③ 有哪些植物学特征能表现菊科的进步性能? 这对环境的适应有何意义?

实验十六
被子植物（三）

茄科（Solanaceae）：多为草本植物。叶互生，无托叶。花两性，辐射对称，总状花序或聚伞花序；萼与花冠常 5 裂，果时增大宿存；花冠管状或漏斗状；雄蕊 5；有花盘；子房上位。果常为 4 个小坚果或有时多少肉质。

茜草科（Rubiaceae）：木本或草本植物。单叶，对生或轮生，常全缘，支脉平行；托叶各式，位于叶柄间或叶柄内。花萼筒与子房合生；花冠合瓣，通常 4 ～ 6；雄蕊与花冠裂片同数目且与之互生，着生于花冠筒上；子房下位；花柱 1，通常 2 分枝。果常为蒴果、浆果或核果。

莎草科（Cyperaceae）：草本植物。茎常三棱柱形，实心，无结。叶基生或秆生，通常 3 列，叶片条形，基部常有闭合的叶鞘。花小，单生于鳞片（颖片）的腋内；雄蕊 3。果实多为坚果。

禾本科（Poaceae）：草本或木本植物。茎通常中空，节部明显。单叶，互生，叶鞘抱茎，中脉发达，侧脉与中脉平行。花小，穗状花序；小穗基部具 1 外稃 1 内稃；花被退化成鳞被，或称为浆片，2 ～ 3 枚；雄蕊 3 或 6；子房上位，花柱 2 ～ 3，柱头羽毛状。果实多颖果。

百合科（Liliaceae）：草本植物。具各式地下茎。单叶互生，常全缘，多无柄，平行脉。花典型 3 基数，花被片 6，2 轮，花瓣状，雄蕊 6、3 或退化至 1，心皮 3，中轴胎座或侧膜胎座；子房下位。果实为蒴果或浆果。

一、实验目的

① 认识了解茄科、茜草科、莎草科、禾本科、百合科的代表植物形态结构特征。

② 了解描述各科植物的形态术语和生殖器官结构。

③ 识别各科主要常见植物。

二、实验材料

校园采集茄科植物番茄（*Solanum lycopersicum*）、茜草科植物龙船花（*Ixora chinensis*）、莎草科植物香附子（*Cyperus rotundus*）、禾本科植物芦苇

（*Phragmites australis*）、百合科植物百合（*Lilium brownii* var. *viridulum*）。

三、实验器材和试剂

① 仪器与用具：显微镜、放大镜、载玻片、盖玻片、擦镜纸、镊子、解剖针、剪刀、刀片、吸水纸、滴管。

② 药品：醋酸洋红染色液、稀碘液、纯净水。

四、实验内容与方法

（一）茄科

（1）主要特征

① 常草本，单叶互生；

② 花两性，整齐，5 基数；药常孔裂；心皮 2 枚，2 室，胚珠多数；

③ 浆果或蒴果；花萼宿存。

（2）实验内容　校园采集水茄（*Solanum torvum*）、番茄、辣椒（*Capsicum annuum*）等植物进行解剖和观察，以及掌握它们的主要特征（图 1-71）。

图 1-71　水茄

（二）茜草科

（1）主要特征

① 乔木、灌木或草本。单叶，对生或轮生，常全缘；托叶常宿存。

② 花单生或排成各种花序；花萼与子房合生；花冠合瓣，筒状、漏斗状、高脚碟状或辐状。子房下位，一至数室，常 2 室，胚珠一至多数。

③ 蒴果、核果或浆果。

（2）实验内容　校园采集鸡屎藤（*Paederia foetida*）、龙船花（*Ixora chinensis*）等植物进行解剖和观察，以及掌握它们的主要特征（图 1-72）。

图 1-72　龙船花

（三）莎草科

（1）主要特征

① 多年生草本，茎三棱形，多实心，叶三列，叶片基部具闭合的叶鞘。茎的高度从数厘米至 1 ～ 2m 以上。

② 花小，单生于鳞片（颖片）的腋内，两性或单性，花被特化为鳞片或刚毛；雄蕊为 3 个，子房 1 室，1 胚珠，花柱 1，柱头 2 ～ 3，几乎所有种类均为风媒传粉。

③ 小坚果。

（2）实验内容　校园采集香附子（*Cyperus rotundus*）、风车草（*Cyperus involucratus*）等植物进行解剖和观察，以及掌握它们的主要特征（图 1-73）。

图 1-73　风车草

（四）禾本科

（1）主要特征

① 秆圆形，中空，有明显的节和节间，叶鞘开裂，叶两列，有叶舌。

② 组成花序的单位是小穗，小穗再进一步组成穗状、总状和指状花序，小穗由 2 枚苞片包围。花由 2 枚苞片包围。

③ 颖果。

（2）实验内容　校园采集鼠尾粟（*Sporobolus fertilis*）、牛筋草（*Eleusine indica*）、芦苇等植物进行解剖和观察，以及掌握它们的主要特征。

（五）百合科

（1）主要特征

① 地上茎直立、草质；或变态为叶状枝。地下茎多鳞茎，少数为根状茎。

② 花被同形、离生、花瓣状；2 轮，各 3 枚。雄蕊 2 轮，各 3 枚。雌蕊 3 心皮合生成 3 室，中轴胎座。

③ 蒴果、浆果。

（2）实验内容　校园采集百合、葱（*Allium fistulosum*）、蒜（*Allium sativum*）、韭（*Allium tuberosum*）、洋葱（*Allium cepa*）等植物进行解剖和观察，以及掌握它们的主要特征。

五、实验作业

① 分辨清楚禾本科的小穗、小花、外颖、内颖、外稃、内稃等结构。

② 绘茜草科代表植物的花枝。

六、思考与讨论

① 如何区别茄科、茜草科、莎草科、禾本科、百合科的植物?

② 分析禾本科植物稻（*Oryza sativa*）、小麦（*Triticum aestivum*）、玉米（*Zea mays*）的生殖器官特征。

实验十七
植物标本制作

腊叶标本是一种保存植物野外采集和研究材料的一个重要凭证，能够较为准确地保留原植物的形态特征，并记录相应的生态地理信息，能够在缺乏植物活体材料的情况下提供有价值的研究和教学参考。腊叶标本也是进行大规模科学考察或小区域资源调查和研究的必要依据，具有长期保存价值。在标本室内，腊叶标本和浸泡标本是两类最常见的凭证标本，制作过程都相对简单便捷。

一、实验目的

① 了解植物标本在植物学研究、教学中的重要作用。

② 初步掌握制作植物腊叶标本的方法。

二、实验材料

学生按要求在校园观察植物时自行采集的校园植物，包括木本植物、草本植物、寄生植物、蕨类植物。

三、实验仪器、用具和药品

① 仪器与用具：标本夹、采集箱、吸水纸、枝剪、小铁镐、野外采集记录本、号牌、消毒盘、缝衣针、线、标本台纸、镊子、单面刀片、胶水、胶带、小纸带、鉴定标签、腊叶标本。

② 药品：樟脑、酒精。

四、实验内容与方法

（一）标本的采集与记录

（1）采集和制作一份好的植物标本，有三个基本要求　①完整性，所采植物标本应尽可能具有较多的器官，如枝叶、花果，草本植物还要求有根、茎部分。②标本应展示自然状况，叶应比较完整，完好。③采集记录应有采集时间、地点、采集人以及生境信息、地理信息等描述。

（2）各类植物采集要求　①木本植物一般较为高大，不能采集整株标本，应采集一段带有花、果、叶的枝条，长度 25 ～ 35cm。②草本植物，选择典型带根、茎、花、果、叶的枝条，一般要连根挖出，超过 1m 以上的，折成“N”形、“M”形收压起来，或者分成几段，汇成一份标本。③寄生植物应该连寄主一起采集，注明两者关系。④蕨类植物注意采集根、营养叶、生殖叶（孢子囊）等。

（3）采集记录　主要记录三个方面的内容：①生境。②对植物简单扼要的描述，主要记录干燥后无法观察的特点，如花果颜色、叶缘或叶面腺体颜色、气味等。③采集人、采集时间和采集号。

（二）预处理

（1）清洁　采集回来的新鲜植株上有灰尘、泥土等杂质，可用湿纱布轻轻擦去，根茎上牢固的泥土用流水冲洗干净。

（2）整理　为了标本的美观，在不破坏其原生物学形态特征的前提下，修剪状态不好或具有虫害的枝条、叶和花；若植物体上的枝叶过于密集，可剪除植物体上的一部分枝叶，保证压制后标本上的枝叶不至重叠太多，尤其不能使花、果实等部分重叠。

（三）压制

① 用标本夹压制。夹板上放上瓦楞纸，铺上几层吸水纸，再放上剪除好的植株样本，整理时尽量使枝条、叶、花平展，合理配置，使叶子背面向上，以便观察叶背特征。整理完毕后，标本上放几层吸水纸初步固定。其余植株样本按照以上步骤依次固定，层层罗叠，标本放置要注意首尾相错，以保持标本平衡，受力均匀，不致倾倒。最后将另一片夹板压上，用绳子捆紧，放置在阴凉通风处。初压的标本应捆紧，使标本受到挤压和平压，方便快速干燥定形。

注意：压制时需根据植物不同器官的实际情况采用不同的压制方法，如植物叶片的质地包括革质、纸质、草质、膜质和肉质，其中革质和纸质叶片质地较硬，需要用硬纸板先将叶片固定，再铺 3 ～ 4 层吸水纸，防止叶片干燥后失水翘起，容易损坏和影响美观；草质、膜叶片质地较柔软，无需用硬纸板压制，可直接铺上吸水纸；需要特别注意的是，肉质叶片含水量较高，其压制和干燥必须单独进行，以免其自身水分干燥不完全而损坏其他标本。但对于含水量较多的果实、种子等，应做好标记后与标本分开干燥，以免干燥不完全，植物不同器官的压制方法见表 1-8，不同质地的植物叶片压制方法见表 1-9。

表1-8　植物不同器官的压制

植物器官	压制方法	适宜物种
根	须根系：可用 3 ～ 4 层吸水纸直接压制	麦冬、淡竹叶、白茅等
	直根系：用硬纸板将周围垫高	车前、蒲公英、火炭母等
茎	茎较细小，用 3 ～ 4 层吸水纸直接压制	大部分草本、藤本植物，如绞股蓝、半边莲、凉粉草等
	茎（枝条）较粗壮，用硬纸板将周围垫高，再铺吸水纸	灌木、乔木植物，如粗叶榕、栀子、鸡血藤等。
叶	需按植物叶片不同质地来进行压制，详细见表 1-9	—
花	直接压制，花的数量较多时，适当修剪后尽量将花瓣展开，露出花药、花丝等	鸡蛋花、茉莉花、月季等
果实	含水量较多时，将其摘下并做好记录，另外干燥处理	南酸枣、薜荔等
	果实较大时，用刀将其切成两半，再用硬纸板垫高后铺上吸水纸	佛手、柠檬、枳实等
种子	种子容易脱落且较小时，将其收集作好记录并单独干燥	青葙、穿心莲、鬼针草等
	种子较大时，用硬纸板将四周垫高，再铺上吸水纸	酸枣仁、枇杷等

表1-9　不同质地的植物叶片压制

植物叶片质地	压制	代表物种
革质、纸质	叶片较硬，要在 3 ～ 4 层吸水纸上用硬纸板先压制，再覆盖 3 ～ 4 层吸水纸覆盖。	木樨、柚、鹅掌柴、薜荔等
草质、膜质	叶片较柔软，一般无需用硬纸板压制，可直接用 3 ～ 4 层吸水纸覆盖	苎麻、白背叶、紫苏等
肉质	叶片含水量较大，必须与其他标本分开压制干燥，叶片较厚时可用硬纸板将叶片周围垫高	马齿苋、灰莉、栌兰等

② 为了使压制的标本迅速干燥，并尽可能地保持原有色泽，应及时更换吸水纸，每次换吸水纸的过程也是重新整形的过程，用镊子将卷曲的花、叶慢慢展开，重新摆放压制。初压的标本含水量多，一般每天换纸一次，阴雨天时每天可换纸 2 次，当植物标本基本干时可隔天换一次纸，直到标本全部干燥为止。

（四）标本的消毒

从野外采集、压制干燥后的植物标本常带有微生物、虫和虫卵，在贮藏过程中会使标本发霉、腐烂和蛀食。因此，经压制干燥后的植物标本在装订到台纸上之前，一定要经过消毒。植物标本消毒就是用物理、化学方法杀死标本上的微生物、虫和虫卵，从而使标本能长期保存的过程。植物标本消毒最常用的方法是化学消毒法和低温消毒法。其具体操作方法如下：

（1）化学消毒法　化学消毒法就是用氯化汞、酒精、苯酚和樟脑等化学物质配成的消毒液杀死标本上的微生物（或病菌）、虫和虫卵的过程。这是早期标本馆应用最广泛的一种植物标本消毒方法。其特点是消毒彻底，效率较高，但操作过程长，工作量大，且氧化汞等物质会污染环境。最常用是 0.5% 升汞溶液，其由氯化汞、工业酒精配制而成，使用时将需要消毒的标本在载物盘中浸泡 15 ～ 20 分钟，取出晾干即完成。经化学消毒的标本需要在标本台纸的右上角打上“骷髅”标记；使用升汞消毒的标本保存效果较好，保存周期较长，但毒性降解周期亦较长，在后期查阅标本时需要注意。

（2）低温消毒法　近年来，国外和国内各大标本馆通常使用“立式低温冰柜”进行消毒；温度低至 -86 ～ -76℃，消毒大约 24 小时，能高效率地杀死虫卵、病菌，关电、静置至常温后取出即可移至标本柜保存。低温消毒不会导致标本变脆，冰柜体积一般较大，每次至少可以消毒 300 ～ 500 份；但要注意在消毒完成前不要打开冰柜，在降至常温前不要把手伸入冰柜，不要取标本。

上述植物标本消毒方法以低温消毒法最具优势，一次消毒的标本量大，保存周期长，杀灭虫菌效果较好，但低温消毒柜一般价格较高，每台为 8 万～ 10 万元；化学消毒法使用价格、成本较低，但后期有毒性。使用者可根据具体情况采用适当的消毒方法。另外，随着科学技术的不断发展，也可采用一些对环境污染小或不污染环境，操作方便的消毒方法。

（五）装订

把植物标本装订到台纸上的过程称为标本装订。标本的装订是为了贮藏、查看和交换方便。植物标本只有装订到台纸上，并附上采集记录信息等才算完成；最好贴有鉴定标签，即经过采集人或者相关专家进行技术鉴定，标有拉丁名称，即可称为一份完整的标本。植物标本的装订方法简述如下。

（1）确定标本位置　装订植物腊叶标本前，首先确定标本在台纸上的位置，并适当进行调整。台纸的大小标准为宽 29 ～ 30cm，高 39 ～ 40cm，通常情况下，标本可直接垂直摆放（较小时）或稍倾斜摆放（较大时）在台纸上。装订时需要对标本进行适当修剪，注意美观造型，不要太满，至少留 1 ～ 3cm 边界。一般留出左上角贴记录签，留下右下角贴鉴定签，右上角贴相关标本属性信息，或者采集大区域标签（中国为省区市，国外为具体国名），或者标本数据化条形码等。

（2）修整标本　将压制干燥完成后的标本放置在台上，尽量展现其主要形态，但要考虑美观性。确定大致位置和丰满度后，开始修整标本，去掉破损的或者多余的枝、叶和花。有多余的花、果、种子，通过取 1 ～ 2 份放在小袋中，同时装订在台纸上，供查阅者鉴定时解剖用。

（3）装订　可采用胶粘法和缝线法。具体操作步骤如下：在台纸上选择固定的点，用针线把根茎、枝条固定起来，尽量用根茎、枝条将针孔遮住，保证标本的美观。待棉线收紧后，用白乳胶固定叶片、花器官和细小的枝条。需将整个叶片、花瓣涂满一层白乳胶，防止叶片和花瓣边缘翘起。也可用纸订法等装订植物的标本。

（4）贴标签　填写好采集记录和标本鉴定签，粘贴到台纸上。

五、实验作业

每人制作 1 ～ 2 份标本。

六、思考与讨论

① 植物标本对开展植物科学研究和教学有何价值？

② 制作植物腊叶标本时注意哪些问题？

第二部分

植物学课程野外实习

一、植物学野外实习的准备

1. 实习的组织

要做好野外实习，组织工作至关重要。一般而言，应有一个实习领导小组，一般由学院主管教学的领导以及实习组领队（实习负责人）、实习教师和班干部组成，负责全队的思想工作、学习与生活。为了更好地开展野外教学活动，根据实习师资配备情况，整个实习团队可分成若干个小队，每个小队由一位老师带领，人数掌握在 10 ～ 15 人为宜，小队人员过多，会影响实习效果。

组织工作最为重要的是实习的安排。每位参加实习的学生，尽管他们在课堂上、书本里学习到许多植物学知识，但与自然界丰富多彩的植物多样性相比，可谓沧海一粟。当学生们来到实习地、走进大自然时，会感到处处很陌生，因而显得手足无措。所以，在野外实习时，还是要从基础知识入手，具体来说是观察植物的营养器官，包括根、茎、叶，再观察繁殖器官，如花的外形、花的结构，查阅检索表，识别物种；然后，在上述基础上进行植物生态学内容的学习，深入了解植物与环境的关系，植物的种群、群落和植被知识。只有这样，参加实习的学生才能获得比较完整的植物学知识。

另外，在日程安排上，事先要有一个大致的框架，到实习基地后，根据新出现的情况，再作适当的调整和补充。日程安排除了要考虑跟实习内容一致外，还要考虑到晴天、雨天的因素，甚至白天和晚上也要周密安排，统筹策划。一般来说，晴天应多安排野外活动、观察植物，雨天安排在室内查植物检索表、整理标本、制作标本，以及整理群落学调查的资料；晚上则安排一些集体的、个人的复习和娱乐活动。

2. 实习的要求

组织工作中还有一个不可疏忽的环节，就是向学生提出明确的要求，以保证实习的顺利进行。根据多年野外实习的经验与体会，我们提出勤学习、讲文明、守纪律三点要求。

（1）勤学习　通过学习，要求每个学生掌握和做到下列几个方面。

① 掌握重点科的特征，认识 200 ～ 250 种植物（包括苔藓植物 5 ～ 10 种，蕨类植物 10 ～ 15 种，种子植物 150 ～ 200 种）。

② 能独立运用检索表鉴定认识植物。

③ 了解植物与环境的相互关系、植物和植被分布的规律性。

④ 熟悉和掌握有关植物的经济用途。

⑤ 掌握标本的采集、记录及制作方法。

⑥ 每人压制 10 ～ 20 份优质小标本。

⑦ 各小组成员压制两套植物标本。

（2）讲文明　要发扬互助友爱、尊师爱生的精神，讲文明、有礼貌，不抢占车座位和订位，把方便让给别人，照顾好集体和他人的财物，把困难留给自己。

（3）守纪律　实习基地大都设在保护区、风景区，必须遵守实习所在地区的规章制度，爱护一草一木，听从老师和当地干部的指导。

3. 实习器材、资料的准备

到野外实习，常规器材和资料是不可缺少的，这是关系到实习能否顺利进行的必备条件，各实习小队和个人必须认真做好准备。

（1）小队需带的物品　每小队一般需要带齐如下物品。

① 参考书、工具书：《中国高等植物图鉴》，区域植物志如《广东植物志》，以及实习基地一带的地方植物志、药用植物志，相关图鉴、图谱等。

② 仪器设备：简式解剖镜 2 架，海拔高度表 1 只，罗盘仪 1 只，望远镜 1 架，风速仪 1 架，便携式标本烘干器 1 架，皮尺 2 条（或样绳 30m、50m 各 1 条），钢卷尺 2 只。

③ 采集用具：采集箱（或采集袋）2 只，枝剪 2 把，高枝剪 1 把，号牌 6 扎，标本夹 1 个（包括防雨布、绳子），标本纸（吸水草纸）1 捆，采集记录本 4 本，挖根器 1 把，样方记录、土壤记录表各若干张。

（2）个人需带的物品　主要包括野外实习手册，教科书，笔记本，旧杂志或吸水草纸（供做小标本用），铅笔，放大镜，镊子，解剖针和刀片等教学用具；还有雨具，帽子，球鞋，水壶等野外工作物品。

二、如何进行植物学野外实习

野外实习是一门实践课程，除了执行和完成教学计划、教学方案外，由于野外作业的特殊性，需要进行周密的安排，还要特别强调纪律和安全。在实习过程中，学生需运用课堂知识，从一个新的角度去认识植物，观察植物与环境的辩证关系，学习植物标本的采集、制作。野外实习提供的信息量是很丰富的，如何主动地、巧妙地进行实习，有效地传递与接收这些信息，使实习的收获更大，这需要实习过程中师生的共同努力。下面按照实习的一般进程，谈谈如何进行野外实习。

（一）野外植物观察与识别

野外植物识别不同于课堂上理论学习。实践证明，学习效果与学习方法关系十分密切，那么野外应当怎样观察和学习才能做到又好又高效呢？

1. 充分发挥各种感官的作用

一进入山林，各色的野花、各型的叶片，各种藤本、草本、木本植物迎面展示在每个学生的面前，野外实习的学生要想认识它们，就应该充分发挥各种感觉器官的作用，比如伸手去摸一摸，体会一下叶片的厚薄、叶面粗糙光滑状况、刺的硬度和牢度；用鼻子去闻一闻它是香的，臭的，还是有异味的。即使当时叫不出这种植物名称，但通过上述感觉活动，实际上已经认识了它，以后只要配上名称就可以了。

野外植物实习最忌课堂搬家式地记笔记：老师讲一点，自己就忙着在笔记上记一点，只用眼睛远远地瞄一下，对要认识的植物只作粗略观察，也不动手采集，放弃了摸、闻、尝、看等感官实践机会。学生如采用这种方法，回到实习住地后，虽然笔记是整齐的，但头脑里一团乱草碎叶。切记，记下的笔记只有与实物一一对应地储存在脑中，才是有价值的，所以植物识别一定要充分发挥各种感觉器官的作用。

2. 恰当的组织与分工

从传授者来说，教师应该选择常见代表种先讲，由浅入深，尽量做到让学生都能看到、采到，即物种介绍时可循序渐进，对那些不容易采集到的高大乔木，或者植株数极少的草本可暂时不介绍。开始时应该讲得慢些，让每个学生都能看得清、采得到、记得下。为了学生来得及记、采，可以在讲解时增加一些有关植物的用途、历史等知识。对学习者来说，每个学生都要看、记、采、持牌，肯定是忙不过来的，为此常 2 ～ 4 个学生自发或自愿组成一个学习小组。每个成员都要用心听讲、仔细观察，在此基础上作适应分工：有的着重于记，有的着重于采，有的负责挂牌，回到住地后，以小组为单位交流各人的收获，取长补短，求得全面的知识，第二天小组成员互换分工的内容。这样做，每个学生都可得到全面的锻炼。如实习小组成员多达 10 ～ 20

人，也可以规定每天由 3 ～ 4 人值日，负责采集标本，供小组同学认识复习之用。

短短十多天要集中认识许多植物，确有一定困难。这里再介绍一种十分有效的认记方法。学生根据教师讲解的要认识的植物，第一时间采集一个小标本，握在手中听讲（学习一遍后放入塑料袋中），实习间隙（或休息时）取出来多认几次，反复学习、触摸、体会，最好保存好采集的小标本，第二天再次复习、认识；对于比较难认和难记忆的物种，尤其需要反复认识。愈难认、难记的植物在手中保留时间愈长，刺激自己感官的次数愈多，半天之中对准认的植物等于反复认了好几遍，肯定要比回去后打开一大包标本再从头认起效果好。有的同学用圆珠笔在叶片上记录名称与编号，便于复习，避免张冠李戴，这个方法也是可取的。

以上讲的是野外实习中学生如何运用自己的眼、耳、鼻、舌等器官尽量多地接受教师传递的信息。用一句形象的话概括，就是教师在山上满山灌，学生跟着进行认知记忆的竞赛。当然，这种概括带有一定的片面性，因为学习植物分类学，多记一些植物的名称和特征，是必要的，也有助于建立学科概念。但是植物学野外实习绝不是记忆力的竞赛，绝不能满足于单纯的识记。

（二）室内复习与鉴定

学生在野外获得感性知识的同时，必须把这些感性知识上升为理性认识，另外，还必须学会独立地汲取新知识的本领，提高自学的能力。因为强化速记的东西多数是要忘记的，只有能力提高了，知识经过条理化，真正变为自己的东西，才是最重要的，这样即使原来认识的植物遗忘了，还可以依靠工具书重新查出来。因此，经过实地观察识记之后，回到住地对照书本复习巩固，鉴别标本，是野外实习深入一步的学习。实习队常带有多种工具书，如何使用也有诀窍。为此，我们结合复习鉴定的要求做些介绍。

1. 充分发挥实习手册的作用

实习手册是教师按照教学要求，结合学生的基础与实习基地的资源条件编写的，是一部科学性、实用性很强的教学辅导书。指导学生充分利用实习手册，可以促进学生将课堂上学到的书本知识与大自然有机联系起来，使课堂知识、书本知识变成活的知识，还可以培养学生独立工作的能力，从而为今后可能进行的资源调查、生态环境调查打下基础。

2. 其他工具书的使用

植物分类的工具书类型不少，实习时也可用来参考，解决某些疑难问题，如《中国高等植物图鉴》是一套全国适用的工具书，共七册，收载植物 10000 余种，附图片 9082 幅，便于图文对照。

（三）植物标本的采集和保存

野外实习离不开采集植物标本。在野外顺手采摘一根枝条、一棵草，严格地讲它们并不是植物标本。如何采集植物标本以及随后又该如何制作和保存详看本书第一部分实验十七。

（四）实习小结考核

实习中同学们认识了大量的植物，获得了大量的知识，但又显得比较零乱，这就需要进行一番小结。同时，老师在野外实习结束前，也需要考核学生的实习状况，以评定成绩。

1. 实习小结

小结常采用两种方式，即问答式和专题式。

（1）问答式　每位同学在整理自己实习收获的基础上，可围绕下述问题写出小结报告：①通过这次实习你认识了多少种植物？它们分别属于哪些科？②实习中你是如何又多又牢固地认识植物的？③合格标本的条件是什么，你认为采集与制作标本时应注意些什么？④检索表有几种类型，本手册中用了哪几种？⑤植物与生境的关系是很密切的，通过实习列举植物分布三向地带性的规律。

（2）专题式——写小结论文　同学们在实习中发现了不少很有意思的自然现象，很想独立作一番深入的观察与探索，这是很自然的，例如见到许多羽状复叶的植物分别隶属于不同的科，如何去识别它们；叶对生的植物、草本开花植物、某一大科的植物，如何抓住特征，迅速鉴别等。通过实习，感性和理性上的认识都得到了进一步的提高，有的同学尝试依据花的结构设想出唇形科植物花的进化途径，显然这对唇形科的理解已不是孤立的几朵花，而是一个进化系列。实习过程中有的同学头脑里还孕育了许多自己想了解的问题，渴望能有一个放手让自己奔赴大自然去探索的机会，环境与植物的分布之间究竟能找到哪些规律，实习地有多少种植物可供药用和作纤维、淀粉、丹宁、芳香等用途，茎的缠绕性和日出、日落有没有关系……总之，写小论文不失为同学进行实习提升的一种重要形式。

写小论文一般经历下面几个过程。

① 确定题目。论文题目确定得愈早，对撰写就愈有利，但是如何确定题目呢？我们可以深入现场去寻找，发现自己感兴趣而又有能力去解决的问题，这既是确定题目的开始，也是解决问题的开始。一个能够不断发现问题的人，也是一个能够不断进取的人，我们要从确定题目开始，培养自己观察、对比与思考的能力。

② 收集材料。题目一经确定就要广泛收集材料，包括实物标本、生态环境、文字资料等。

③ 观察、实验思考。从各种事物的对比中找出规律性的东西。

④ 写出小论文。小论文是自己对某一专题经过一番调查、观察、思考以后的归纳性的总结，它应包括如下几方面内容：

a. 前言（问题的提出） 说明论题的意义，前人曾做过哪些工作，留下什么问题（由于在野外，资料不全，可以从简写，但要说明为什么要选这一题目）。

b. 材料与方法　写下自己的工作内容，包括过程、地点、环境特点、工作方法、数据、描述、检索表等。

c. 结论与分析　针对论题方向下所观察到的现象和查阅到的相关资料作几点规律性的描述和分析。

d. 参考资料　进行此项工作引用了哪些资料。

以上讲的是一般的要求，并不是每篇都必须有这几方面内容，可以根据具体情况而定。

顺便附一些小论文参考题目，供参考：

① ×× 山常见苔藓（或蕨类）植物；②我所认识的 ×× 山种子植物简介；③植物标本的采集与制作心得；④ ×× 山裸子植物的分类、分布调查；⑤ ×× 山 ×× 科植物的初步研究；⑥我所认识的 ×× 山蔷薇科（或豆科、壳斗科等）植物的营养体检索；⑦ ×× 山樟科（或壳斗科）植物的分布；⑧ ×× 山常见菊科植物的检索；⑨ ×× 山常见的方茎、叶对生的植物；⑩我所认识的 ×× 山藤本（或羽状复叶或三出复叶或其他类别）植物；⑪ ×× 山攀缘植物的鉴别特征；⑫我所认识的 ×× 山药用植物；⑬ ×× 山百合科的药用植物；⑭ ×× 山有刺植物的调查；⑮ ×× 山的有毒植物（或芳香植物、淀粉植物等）；⑯ ×× 山野生花卉资源调查；⑰植物与环境；⑱非生

物因子对植物的影响；⑲×× 山阴生植物的观察研究；⑳×× 山夏季（秋季）草本开花植物调查研究；㉑×× 山植被垂直分布初步考察；㉒不同海拔高度的植物种类变化观察；㉓花的结构与昆虫的关系；㉔×× 山区群众对植物资源利用的调查；㉕不同坡向植物种类差别和生长状况的观察。

2. 考核与成绩评定

考核方式不尽相同，下面三种是较常见的：

（1）实地辨认考核　由教师带着同学到山上识别植物或采回来编号填写，也可以指定某几种植物让学生自己上山采回。此法偏重于对植物种类的识记。

（2）答卷式考核　由学生做小结报告，全面总结实习收获，写出心得体会。

（3）专题小论文式考核　每位学生独立完成一篇小论文，各人可选择自己感兴趣的题目，有所侧重地总结，实习成绩由老师评定。小论文可以先宣读，经过答辩，由答辩小组评定成绩。对成绩优秀的同学应给予精神或物质的鼓励。

三、被子植物常见科的野外辨识

在野外从事植物调查工作时，最常用的方法是辨认植物的科，此时若能遇上植物的花果期自然最好，但由于各种植物的花果期不一定集中在某个季节，因此，在野外识别植物的科时还需同时抓住植物的营养器官特征。其实，抓住植物营养器官的特征点来辨认植物，准确度虽不及从繁殖器官辨识率高，但实际应用意义更大，因为植物一年中大多数时期都处于营养生长期。植物的营养器官，无论是叶，还是根茎，各科都具有自己的形态。有些形态很多科都近似，而有些却与众不同。抓住了这些特征点，再通过比较，就较易把一些常见科辨认出来。

（一）具有标志性体态或特色

部分植物的体态具有明显的标志性特征或特色，能很容易分辨出来，如禾本科（Poaceae）、莎草科（Cyperaceae）、棕榈科（Arecaceae）等就属于比较有标志性特征的科。

1. 禾本科（Poaceae）

其体态普遍像水稻、小麦那种禾草的样子；茎秆是圆的，有明显的节与节间，节间多中空。叶有叶片、叶鞘及叶舌三部分。叶鞘圆筒形，包茎，叶鞘顶端的叶片线形至披针形，有平行叶脉。叶片与叶鞘交接处内方有膜质或毛状叶舌，有些种类在交接处外方还有两个钩状叶耳。它的花是一串串小穗，是高度特化的风媒花。

2. 莎草科（Cyperaceae）

莎草科是与禾本科相似的草本类。但本科的植物茎秆常为三棱而不是圆柱形，茎常为实心，叶鞘是闭合的，叶片排成三列。开花时与禾本科一样都抽出小穗，但结的果是小坚果，与禾本科的颖果有别。

3. 棕榈科（Arecaceae）

棕榈科植物树干笔直，高耸，是被子植物中唯一不分枝的一群木本植物。叶大型，一至几米，为大型羽状复叶或大型掌状复叶（如蒲扇状），簇生或螺旋状丛生于树顶，形成了特有的棕榈形树冠。叶柄基部扩大呈鞘状包裹树干，叶片脱落后，树干上常留下清楚的叶痕。

（二）肉质植物

一般植物的茎为木质或草质，叶为纸质、革质或草质。但有几个科的植物为适应干热的环境，茎及叶变态成了肉质。凭着肉质的茎和叶，它们给自己建立了鲜明的形象。

1. 仙人掌科（Cactaceae）

此为最常见的肉质植物科。肉质化的茎呈圆柱形、球形或扁平如掌，常收缩成一节节，叶退化成刺或刺毛，由绿色的茎代替光合作用，以减少水分的蒸腾，在干热的环境中生存下去。

2. 景天科（Crassulaceae）

此科植物的茎和叶常肉质化，为多年生的草本植物，叶单生，无柄，或排成莲座丛状，或对生。植株的营养繁殖能力较强，可借珠芽繁殖，有些种类如棒叶落地生根（*Bryophyllum delagoense*）和落地生根（*Bryophyllum pinnatum*）的叶上常见有不定芽。

3. 萝藦科（Asclepiadaceae）和大戟科（Euphorbiaceae）

萝藦科（Asclepiadaceae）有几个属、大戟科（Euphorbiaceae）有一个属也都是肉质植物。与上两科不同的是，它们都有白色乳汁。萝藦科的植物为肉质藤本，叶对生，明显的厚肉质，而大戟科植物多为亚灌木状，叶互生，稍稍肉质化。

此外，凤仙花科（Balsaminaceae）和马齿苋科（Portulacaceae）也有肉质草本的种类。

（三）特殊的托叶

有相当多的科具有托叶，根据托叶的有无来辨识科自然是行不通的，然而有几个科的植物托叶却有自己的怪态，此种怪态就成为了科的重要标志。

1. 茜草科（Rubiaceae）

此科植物的两片托叶多长在两片对生叶叶柄之间，称柄间托叶。也有些托叶长在两片对生叶的叶腋，称柄内托叶。还有些托叶像叶片状与叶片轮生于节上。这些托叶的形状有宽三角形、叶形、条形及鞘状、睫毛状等。柄间托叶与柄内托叶一般不易脱落，根据此特征，就可把茜草科的植物识别出来。

2. 蓼科（Polygonaceae）

此科植物为草本，大部分种类近水边生长。单叶互生。在鞘膨大的茎节上，有白色膜质的托叶呈鞘状围抱茎。这种膜质鞘状托叶是蓼科特有的，注意此点便能识别出该科植物。

3. 菝葜科（Smilacaceae）

菝葜科植物的托叶怪异地变态成了两条卷须，长在叶柄上，叶柄具有3～7条弧形脉，为互生的单叶。正是因为有了这类卷须状托叶才使得菝葜科植物得以攀缘他物。

4. 木兰科（Magnoliaceae）和桑科（Moraceae）

这两科植物的托叶形态上比较相似，幼嫩时包住幼芽，使芽像毛笔尖状；

托叶很快脱落，留下了明显的托叶环痕；它们同为木本、单叶、互生，这些均为共同点。怎样将有托叶环痕的这两科区分开呢？木兰科的叶揉碎有股白兰花香味，而桑科的叶一摘下来便有白色的乳汁从断口处流出。木兰科的花较原始，雌、雄蕊多数，螺旋状排列在突起的花托上，而桑科的花多组成隐头花序，直接着生于茎上（茎花），无花果便是明显的例子。

（四）有鳞茎

通常情况下，植物的茎生长于地上，而个别科植物的茎变态为鳞茎却生长在地下。百合科的洋葱就是典型的鳞茎，它呈圆形瓣状或卵圆形瓣状，是由许多层白色肥厚的鳞片状叶组成，其中心有个幼芽。这些鳞片状叶，呈多片紧凑排列，似有成百片合在一起，具鳞茎的百合科便以此为名。石蒜科也具鳞茎。两科的花同样是典型的五轮三基数花。两科的主要区别看花序：百合科的花排成总状、穗状花序，石蒜科的花排成伞形花序，且有膜质、佛焰苞状的苞片。

（五）有枝卷须

枝卷须是枝的变态，有此变态的科很少。葡萄科（Vitaceae）、葫芦科（Cucurbitaceae）、西番莲科（Passifloraceae）具有枝卷须。因此这几科植物到处攀缘，成了草质或木质的藤本植物。它们还有叶子为掌状脉这一共同点。但细心观察，是不难发现它们的不同点。葡萄科卷须的位置较独特，它与叶子对生，这个位置在花果期有些也为花序或果序所代替。葫芦科及西番莲科的枝卷须都从叶腋处伸出。可是西番莲科在叶柄基部有两个清楚的腺体，若碰上花果期，葫芦科的瓠果（即常吃的瓜类）是最易识别的特征。而西番莲科的花有丝状裂片状的副花冠。

（六）叶的特殊形态

从叶的特殊形态，如不等侧的叶、盾形叶等，我们也可以辨别出某些科来。

1. 叶不等侧

叶不等侧主要表现在叶基一边偏斜。最明显的要数秋海棠科（Begoniaceae）；另外，榆科（Ulmaceae）、荨麻科（Urticaceae）、胡椒科（Piperaceae）的叶基偏斜也较明显。除了叶基偏斜此共同点外，这几科的形态有较大的差异。秋海棠科的茎叶稍肉质，叶多紫红色，茎常有明显的环节，雌花的子房及果有 3 翅或 3 棱。荨麻科的叶表皮细胞沉积有钟乳体，因此叶干后显出点状或长形斑纹，茎皮因纤维发达而显得坚韧。胡椒科的叶有辛辣味，托叶常与叶柄合生，藤本种类的茎节常膨大，并长有不定根。榆科的叶缘有锯齿，果也多为翅果。

2. 盾形叶

盾形叶即叶柄着生在叶片的背面，似古代的兵器盾一样。防己科（Menispermaceae）、睡莲科（Nymphaeaceae）的很多种类都具有盾形叶，防己科生长在陆地，为木质藤本，盾状叶的叶形为卵形或广卵形。而睡莲科生长在水中，有横卧的根状茎，叶通常浮水，芽时嫩叶内卷。此外，花供观赏的旱金莲科（Tropaeolaceae）也为掌状盾形叶。

（七）叶有香气

在野外观察识别植物时，揉烂叶片闻闻是一种常用的方法，比较常见的有香气的科是芸香科（Rutaceae）、伞形科（Apiaceae）、唇形科（Lamiaceae）、樟科（Lauraceae）、桃金娘科（Myrtaceae）、姜科（Zingiberaceae），以及胡椒科、木兰科等。叶片有挥发油香味，是叶片有分泌腔等分泌组织。如果分泌腔靠近叶片表皮，则肉眼还可看见泌腔是油腺点状。各科植物叶片的挥发油香味并不一样。特殊的气味和各自的特征，使它们有别于其他科植物。

① 芸香科植物的叶片一经揉破，便可闻到浓郁的柑橘香味。散发这些芳香油味的油腺点在叶片表面呈现为密集的黄色透明小点。对着阳光观看叶片，半透明状的油腺点便可看得很清楚。此外，芸香科柑橘属（*Citrus*）的叶子为单身复叶，果为岭南著名的水果——柑果。其他属为复叶，常有枝刺。

② 桃金娘科植物的叶片也常有透明油腺点，叶搓碎有桉油香味。此外，其对生、全缘的单叶，叶边脉多为闭锁脉，也是一个辨认特征。

③ 伞形科植物的叶片有浓郁的芫荽香味，芹菜、芫荽等常用作菜蔬佐味品，其余种类均有药用价值。此科的植物体全为草本，叶柄基部呈鞘状抱茎，叶片绝大多数分裂或为复叶。若开花结果时，则根据伞形花序及双悬果，一眼就能辨出。

④ 唇形科植物体内富含薄荷类的芳香性挥发油。此科植物多集中分布在较干旱的地区。植株为草本和矮灌木，方茎，对生叶，开花时很有特色。花冠筒裂口像人的嘴唇，上下二大片张开，被称为唇形花冠。

⑤ 樟科植物的叶片揉烂有樟油香味。此科植物全为木本；单叶、互生或近簇生，叶草质、全缘；叶背面因有灰白色粉而呈灰白色。

⑥ 姜科植物的叶片有香辛的姜味。其植物体为多年生草本，有块状根茎，诸如常食用的生姜。叶通常为 2 列，叶鞘顶端有明显的叶舌，叶脉为中脉斜出的平行网状脉。开花时，多排成穗状，总状花序，花序有苞，苞内生 1 至多朵美丽的花。

除了上述几方面外，抓住复叶的总叶柄有单个腺体，小叶中脉偏斜这个特点，可以判断出含羞草科（Mimosaceae）。碰见单叶对生、无托叶的植物，若其叶柄断口处流黄色乳汁，可推断为藤黄科（Glusiaceae）；若流白色乳汁，则很有可能是夹竹桃科（Apocynaceae）和萝藦科（Asclepiadaceae）。根据单叶互生，叶柄两端膨大这个特点，可初步估为梧桐科（Sterculiaceae）。看到蔓生的草本或缠绕于他物上爬的草质茎植物，应想起旋花科（Convolvulaceae）。此外，把冬青科（Aquifoliaceae）植物的叶片轻轻一撕为二，会有多条细丝连住断开的叶片。蔷薇亚科（Rosoideae）的草本植物皮刺发达，托叶常贴生于叶柄上。

四、华南地区常见植物名录

蕨类植物（32 种）

石松科

垂穗石松　*Palhinhaea cernua*

石松　*Lycopodium japonicum*

卷柏科

卷柏　*Selaginella tamariscina*

翠云草　*Selaginella uncinata*

木贼科

笔管草　*Equisetum ramosissimum* subsp. *debile*

节节草　*Equisetum ramosissimum*

瓶尔小草科

瓶尔小草　*Ophioglossum vulgatum*

里白科

芒萁　*Dicranopteris pedata*

中华里白　*Diplopterygium chinense*

海金沙科

海金沙　*Lygodium japonicum*

槐叶蘋科

槐叶蘋　*Salvinia natans*

桫椤科

黑桫椤 *Gymnosphaera podophylla*

桫椤 *Alsophila spinulosa*

金毛狗科

金毛狗 *Cibotium barometz*

凤尾蕨科

剑叶凤尾蕨 *Pteris ensiformis*

傅氏凤尾蕨 *Pteris fauriei*

井栏边草 *Pteris multifida*

半边旗 *Pteris semipinnata*

蜈蚣凤尾蕨 *Pteris vittata*

铁线蕨 *Adiantum capillus-veneris*

篠蕨科

华南篠蕨 *Oleandra cumingii*

金星蕨科

华南毛蕨 *Cyclosorus parasiticus*

三叉蕨科

沙皮蕨 *Tectaria harlandii*

乌毛蕨科

乌毛蕨 *Blechnopsis orientalis*

紫萁科

华南羽节紫萁 *Plenasium vachellii*

骨碎补科

波士顿蕨 *Nephrolepis exaltata* ‘Bostoniensis’

肾蕨 *Nephrolepis cordifolia*

水龙骨科

抱树莲 *Pyrrosia piloselloides*

石韦 *Pyrrosia lingua*

江南星蕨 *Lepisorus fortunei*

崖姜 *Drynaria coronans*

鹿角蕨 *Platycerium wallichii*

裸子植物（15 种）

苏铁科

苏铁 *Cycas revoluta*

南洋杉科

南洋杉 *Araucaria cunninghamii*

松科

湿地松 *Pinus elliottii*

华南五针松 *Pinus kwangtungensis*

马尾松 *Pinus massoniana*

柏科

柳杉 *Cryptomeria japonica*

水松 *Glyptostrobus pensilis*

池杉 *Taxodium distichum* var. *imbricarium*

柏科

落羽杉 *Taxodium distichum*

侧柏 *Platycladus orientalis*

圆柏 *Juniperus chinensis*

罗汉松科

罗汉松 *Podocarpus macrophyllus*

竹柏 *Nageia nagi*

红豆杉科

穗花杉 *Amentotaxus argotaenia*

买麻藤科

买麻藤 *Gnetum montanum*

被子植物（502 种）

五味子科

黑老虎　*Kadsura coccinea*

南五味子　*Kadsura longipedunculata*

冷饭藤　*Kadsura oblongifolia*

三白草科

蕺菜　*Houttuynia cordata*

三白草　*Saururus chinensis*

胡椒科

华南胡椒　*Piper austrosinense*

假蒟　*Piper sarmentosum*

小叶爬崖香　*Piper sintenense*

马兜铃科

广防己　*Isotrema fangchi*

耳叶马兜铃　*Aristolochia tagala*

木兰科

木莲　*Manglietia fordiana*

广东木莲　*Manglietia kwangtungensis*

金叶含笑　*Michelia foveolata*

深山含笑　*Michelia maudiae*

观光木　*Michelia odora*

番荔枝科

鹰爪花　*Artabotrys hexapetalus*

假鹰爪　*Desmos chinensis*

白叶瓜馥木　*Fissistigma glaucescens*

香港瓜馥木　*Fissistigma uonicum*

斜脉异萼花　*Disepalum plagioneurum*

光叶紫玉盘　*Uvaria boniana*

紫玉盘　*Uvaria macrophylla*

樟科

毛桂　*Cinnamomum appelianum*

阴香　*Cinnamomum burmanni*

樟科

樟　*Camphora officinarum*

肉桂　*Cinnamomum cassia*

黄樟　*Camphora parthenoxylon*

厚壳桂　*Cryptocarya chinensis*

硬壳桂　*Cryptocarya chingii*

黄果厚壳桂　*Cryptocarya concinna*

乌药　*Lindera aggregata*

鼎湖钓樟　*Lindera chunii*

香叶树　*Lindera communis*

广东山胡椒　*Lindera kwangtungensis*

山鸡椒　*Litsea cubeba*

华南木姜子　*Litsea greenmaniana*

短序润楠　*Machilus breviflora*

华润楠　*Machilus chinensis*

新木姜子　*Neolitsea aurata*

鸭公树　*Neolitsea chui*

檫木　*Sassafras tzumu*

金粟兰科

金粟兰　*Chloranthus spicatus*

草珊瑚　*Sarcandra glabra*

菖蒲科

金钱蒲　*Acorus gramineus*

天南星科

海芋　*Alocasia odora*

半夏　*Pinellia ternata*

石柑子　*Pothos chinensis*

狮子尾　*Rhaphidophora hongkongensis*

泽泻科

草泽泻　*Alisma gramineum*

薯蓣科

黄独　*Dioscorea bulbifera*

薯莨　*Dioscorea cirrhosa*

露兜树科

露兜草　*Pandanus austrosinensis*

藜芦科

七叶一枝花　*Paris polyphylla*

菝葜科

菝葜　*Smilax china*

土茯苓　*Smilax glabra*

兰科

金线兰　*Anoectochilus roxburghii*

建兰　*Cymbidium ensifolium*

墨兰　*Cymbidium sinense*

半柱毛兰　*Eria corneri*

三蕊兰　*Neuwiedia zollingeri* var. *singapureana*

苞舌兰　*Spathoglottis pubescens*

仙茅科

大叶仙茅　*Curculigo capitulata*

鸢尾科

射干　*Belamcanda chinensis*

阿福花科

山菅兰　*Dianella ensifolia*

萱草　*Hemerocallis fulva*

天门冬科

天门冬　*Asparagus cochinchinensis*

小花蜘蛛抱蛋　*Aspidistra minutiflora*

吊兰　*Chlorophytum comosum*

多花黄精　*Polygonatum cyrtonema*

棕榈科

鱼尾葵　*Caryota maxima*

鸭跖草科

鸭跖草　*Commelina communis*

聚花草　*Floscopa scandens*

水竹叶　*Murdannia triquetra*

雨久花科

鸭舌草　*Pontederia vaginalis*

竹芋科

柊叶　*Phrynium rheedei*

姜科

华山姜　*Alpinia oblongifolia*

莪术　*Curcuma phaeocaulis*

蘘荷　*Zingiber mioga*

红球姜　*Zingiber zerumbet*

谷精草科

华南谷精草　*Eriocaulon sexangulare*

灯芯草科

灯芯草　*Juncus effusus*

莎草科

条穗薹草　*Carex nemostachys*

扁穗莎草　*Cyperus compressus*

黑莎草　*Gahnia tristis*

割鸡芒　*Hypolytrum nemorum*

球穗扁莎　*Pycreus flavidus*

毛果珍珠茅　*Scleria levis*

禾本科

佛肚竹　*Bambusa ventricosa*

竹节草　*Chrysopogon aciculatus*

弓果黍　*Cyrtococcum patens*

牛筋草　*Eleusine indica*

画眉草　*Eragrostis pilosa*

白茅　*Imperata cylindrica*

箬叶竹　*Indocalamus longiauritus*

淡竹叶　*Lophatherum gracile*

禾本科

蔓生莠竹　*Microstegium fasciculatum*

五节芒　*Miscanthus floridulus*

芒　*Miscanthus sinensis*

求米草　*Oplismenus undulatifolius*

铺地黍　*Panicum repens*

圆果雀稗　*Paspalum scrobiculatum* var. *orbiculare*

紫竹　*Phyllostachys nigra*

皱叶狗尾草　*Setaria plicata*

稗荩　*Sphaerocaryum malaccense*

鼠尾粟　*Sporobolus fertilis*

粽叶芦　*Thysanolaena latifolia*

细叶结缕草　*Zoysia pacifica*

木通科

大血藤　*Sargentodoxa cuneata*

防己科

木防己　*Cocculus orbiculatus*

天仙藤　*Fibraurea recisa*

细圆藤　*Pericampylus glaucus*

血散薯　*Stephania dielsiana*

粪箕笃　*Stephania longa*

中华青牛胆　*Tinospora sinensis*

毛茛科

小木通　*Clematis armandi*

威灵仙　*Clematis chinensis*

鼎湖铁线莲　*Clematis tinghuensis*

清风藤科

香皮树　*Meliosma fordii*

笔罗子　*Meliosma rigida*

清风藤　*Sabia japonica*

山龙眼科

银桦　*Grevillea robusta*

网脉山龙眼　*Helicia reticulata*

黄杨科

大叶黄杨　*Buxus megistophylla*

黄杨　*Buxus sinica*

五桠果科

锡叶藤　*Tetracera sarmentosa*

蕈树科

蕈树　*Altingia chinensis*

枫香树　*Liquidambar formosana*

金缕梅科

檵木　*Loropetalum chinense*

虎皮楠科

牛耳枫　*Daphniphyllum calycinum*

交让木　*Daphniphyllum macropodum*

鼠刺科

鼠刺　*Itea chinensis*

小二仙草科

小二仙草　*Gonocarpus micranthus*

葡萄科

蛇葡萄　*Ampelopsis glandulosa*

乌蔹莓　*Causonis japonica*

三叶崖爬藤　*Tetrastigma hemsleyanum*

扁担藤　*Tetrastigma planicaule*

豆科

毛相思子　*Abrus pulchellus* subsp. *mollis*

大叶相思　*Acacia auriculiformis*

台湾相思　*Acacia confusa*

海红豆　*Adenanthera microsperma*

天香藤　*Albizia corniculata*

南洋楹　*Falcataria falcata*

豆科

大叶合欢 *Archidendron turgidum*
火索藤 *Phanera aurea*
龙须藤 *Phanera championii*
藤槐 *Bowringia callicarpa*
南天藤 *Ticanto crista*
含羞草山扁豆 *Chamaecrista mimosoides*
假地蓝 *Crotalaria ferruginea*
猪屎豆 *Crotalaria pallida*
藤黄檀 *Dalbergia hancei*
蝉豆 *Pleurolobus gangeticus*
假地豆 *Grona heterocarpos*
三点金 *Grona triflora*
格木 *Erythrophleum fordii*
刺桐 *Erythrina variegata*
大叶千斤拔 *Flemingia macrophylla*
银合欢 *Leucaena leucocephala*
仪花 *Lysidice rhodostegia*
香花鸡血藤 *Callerya dielsiana*
含羞草 *Mimosa pudica*
茸荚红豆 *Ormosia pachycarpa*
软荚红豆 *Ormosia semicastrata*
排钱树 *Phyllodium pulchellum*
猴耳环 *Archidendron clypearia*
亮叶猴耳环 *Archidendron lucidum*
草葛 *Neustanthus phaseoloides*
决明 *Senna tora*
葫芦茶 *Tadehagi triquetrum*
紫藤 *Wisteria sinensis*

远志科

华南远志 *Polygala chinensis*
黄叶树 *Xanthophyllum hainanense*

蔷薇科

蛇莓 *Duchesnea indica*
香花枇杷 *Eriobotrya fragrans*
枇杷 *Eriobotrya japonica*
桃叶石楠 *Photinia prunifolia*
臀果木 *Pygeum topengii*
石斑木 *Rhaphiolepis indica*
粗叶悬钩子 *Rubus alceifolius*
山莓 *Rubus corchorifolius*
白花悬钩子 *Rubus leucanthus*
锈毛莓 *Rubus reflexus*
空心藨 *Rubus rosifolius*

鼠李科

勾儿茶 *Berchemia sinica*
枳椇 *Hovenia acerba*
雀梅藤 *Sageretia thea*
翼核果 *Ventilago leiocarpa*

大麻科

朴树 *Celtis sinensis*
白颜树 *Gironniera subaequalis*
狭叶山黄麻 *Trema angustifolia*
光叶山黄麻 *Trema cannabina*
山黄麻 *Trema tomentosa*

桑科

二色波罗蜜 *Artocarpus styracifolius*
构 *Broussonetia papyrifera*
柘 *Maclura tricuspidata*
黄毛榕 *Ficus esquiroliana*
粗叶榕 *Ficus hirta*
对叶榕 *Ficus hispida*
青藤公 *Ficus langkokensis*
榕树 *Ficus microcarpa*
琴叶榕 *Ficus pandurata*

桑科

薜荔　*Ficus pumila*

舶梨榕　*Ficus pyriformis*

竹叶榕　*Ficus stenophylla*

笔管榕　*Ficus subpisocarpa*

变叶榕　*Ficus variolosa*

黄葛树　*Ficus virens*

桑　*Morus alba*

荨麻科

苎麻　*Boehmeria nivea*

楼梯草　*Elatostema involucratum*

糯米团　*Gonostegia hirta*

紫麻　*Oreocnide frutescens*

赤车　*Pellionia radicans*

小叶冷水花　*Pilea microphylla*

雾水葛　*Pouzolzia zeylanica*

壳斗科

锥　*Castanopsis chinensis*

甜槠　*Castanopsis eyrei*

罗浮锥　*Castanopsis faberi*

黧蒴锥　*Castanopsis fissa*

红锥　*Castanopsis hystrix*

岭南青冈　*Quercus championii*

烟斗柯　*Lithocarpus corneus*

紫玉盘柯　*Lithocarpus uvariifolius*

雷公青冈　*Quercus hui*

杨梅科

杨梅　*Morella rubra*

胡桃科

黄杞　*Engelhardia roxburghiana*

葫芦科

绞股蓝　*Gynostemma pentaphyllum*

茅瓜　*Solena heterophylla*

葫芦科

罗汉果　*Siraitia grosvenorii*

两广栝楼　*Trichosanthes reticulinervis*

马瓟儿　*Zehneria japonica*

秋海棠科

紫背天葵　*Begonia fimbristipula*

香花秋海棠　*Begonia handelii*

卫矛科

过山枫　*Celastrus aculeatus*

卫矛　*Euonymus alatus*

疏花卫矛　*Euonymus laxiflorus*

密花假卫矛　*Microtropis gracilipes*

酢浆草科

阳桃　*Averrhoa carambola*

红花酢浆草　*Oxalis corymbosa*

杜英科

水石榕　*Elaeocarpus hainanensis*

日本杜英　*Elaeocarpus japonicus*

山杜英　*Elaeocarpus sylvestris*

猴欢喜　*Sloanea sinensis*

小盘木科

小盘木　*Microdesmis caseariifolia*

红树科

竹节树　*Carallia brachiata*

金莲木科

金莲木　*Ochna integerrima*

合柱金莲木　*Sauvagesia rhodoleuca*

藤黄科

岭南山竹子　*Garcinia oblongifolia*

金丝桃科

黄牛木　*Cratoxylum cochinchinense*

莲叶桐科

大花青藤　*Illigera grandiflora*

堇菜科

长萼堇菜 *Viola inconspicua*

如意草 *Viola verecunda*

杨柳科

爪哇脚骨脆 *Casearia velutina*

天料木 *Homalium cochinchinense*

大戟科

铁苋菜 *Acalypha australis*

红桑 *Acalypha wilkesiana*

红背山麻秆 *Alchornea trewioides*

石栗 *Aleurites moluccanus*

蝴蝶果 *Cleidiocarpon cavaleriei*

毛果巴豆 *Croton lachnocarpus*

飞扬草 *Euphorbia hirta*

通奶草 *Euphorbia hypericifolia*

鼎湖血桐 *Macaranga sampsonii*

白背叶 *Mallotus apelta*

蓖麻 *Ricinus communis*

山乌桕 *Triadica cochinchinensis*

乌桕 *Triadica sebifera*

叶下珠科

五月茶 *Antidesma bunius*

云南银柴 *Aporosa yunnanensis*

秋枫 *Bischofia javanica*

黑面神 *Breynia fruticosa*

禾串树 *Bridelia balansae*

土蜜树 *Bridelia tomentosa*

毛果算盘子 *Glochidion eriocarpum*

算盘子 *Glochidion puberum*

白背算盘子 *Glochidion wrightii*

叶下珠 *Phyllanthus urinaria*

千屈菜科

节节菜 *Rotala indica*

桃金娘科

肖蒲桃 *Syzygium acuminatissimum*

岗松 *Baeckea frutescens*

水翁蒲桃 *Syzygium nervosum*

柠檬桉 *Eucalyptus citriodora*

桃金娘 *Rhodomyrtus tomentosa*

华南蒲桃 *Syzygium austrosinense*

赤楠 *Syzygium buxifolium*

子凌蒲桃 *Syzygium championii*

广东蒲桃 *Syzygium kwangtungense*

红枝蒲桃 *Syzygium rehderianum*

野牡丹科

柏拉木 *Blastus cochinchinensis*

地菍 *Melastoma dodecandrum*

滇牡丹 *Paeonia delavayi*

印度野牡丹 *Melastoma malabathricum*

毛菍 *Melastoma sanguineum*

谷木 *Memecylon ligustrifolium*

蜂斗草 *Sonerila cantonensis*

虎颜花 *Tigridiopalma magnifica*

漆树科

南酸枣 *Choerospondias axillaris*

人面子 *Dracontomelon duperreanum*

杧果 *Mangifera indica*

盐麸木 *Rhus chinensis*

野漆 *Toxicodendron succedaneum*

木蜡树 *Toxicodendron sylvestre*

无患子科

罗浮槭 *Acer fabri*

龙眼 *Dimocarpus longan*

无患子 *Sapindus saponaria*

芸香科

山油柑　*Acronychia pedunculata*
柚　*Citrus maxima*
柑橘　*Citrus reticulata*
三椏苦　*Melicope pteleifolia*
楝叶吴萸　*Tetradium glabrifolium*
小芸木　*Micromelum integerrimum*
飞龙掌血　*Toddalia asiatica*
簕欓花椒　*Zanthoxylum avicennae*
大叶臭花椒　*Zanthoxylum myriacanthum*
两面针　*Zanthoxylum nitidum*
花椒簕　*Zanthoxylum scandens*

楝科

米仔兰　*Aglaia odorata*
麻楝　*Chukrasia tabularis*
楝　*Melia azedarach*
香椿　*Toona sinensis*

锦葵科

黄葵　*Abelmoschus moschatus*
磨盘草　*Abutilon indicum*
苘麻　*Abutilon theophrasti*
木棉　*Bombax ceiba*
刺果藤　*Ayenia grandifolia*
木芙蓉　*Hibiscus mutabilis*
木槿　*Hibiscus syriacus*
破布叶　*Microcos paniculata*
翻白叶树　*Pterospermum heterophyllum*
两广梭罗树　*Reevesia thyrsoidea*
白背黄花稔　*Sida rhombifolia*
假苹婆　*Sterculia lanceolata*
毛刺蒴麻　*Triumfetta cana*
梵天花　*Urena procumbens*

瑞香科

土沉香　*Aquilaria sinensis*
长柱瑞香　*Daphne championii*
了哥王　*Wikstroemia indica*
细轴荛花　*Wikstroemia nutans*

叠珠树科

伯乐树　*Bretschneidera sinensis*

十字花科

蔊菜　*Rorippa indica*

蛇菰科

红冬蛇菰　*Balanophora harlandii*

檀香科

寄生藤　*Dendrotrophe varians*

青皮木科

华南青皮木　*Schoepfia chinensis*

桑寄生科

广寄生　*Taxillus chinensis*
川桑寄生　*Taxillus sutchuenensis*

蓼科

头花蓼　*Persicaria capitata*
火炭母　*Persicaria chinensis*
虎杖　*Reynoutria japonica*
水蓼　*Persicaria hydropiper*
皱叶酸模　*Rumex crispus*

石竹科

鹅肠菜　*Stellaria aquatica*
繁缕　*Stellaria media*

苋科

土牛膝　*Achyranthes aspera*
喜旱莲子草　*Alternanthera philoxeroides*
刺苋　*Amaranthus spinosus*
青葙　*Celosia argentea*

苋科

鸡冠花 *Celosia cristata*

商陆科

商陆 *Phytolacca acinosa*

紫茉莉科

紫茉莉 *Mirabilis jalapa*

粟米草科

粟米草 *Trigastrotheca stricta*

土人参科

土人参 *Talinum paniculatum*

马齿苋科

马齿苋 *Portulaca oleracea*

绣球科

常山 *Dichroa febrifuga*

山茱萸科

八角枫 *Alangium chinense*

香港四照花 *Cornus hongkongensis*

凤仙花科

华凤仙 *Impatiens chinensis*

五列木科

米碎花 *Eurya chinensis*

岗柃 *Eurya groffii*

毛果柃 *Eurya trichocarpa*

五列木 *Pentaphylax euryoides*

厚皮香 *Ternstroemia gymnanthera*

山榄科

肉实树 *Sarcosperma laurinum*

柿科

乌材 *Diospyros eriantha*

罗浮柿 *Diospyros morrisiana*

报春花科

朱砂根 *Ardisia crenata*

走马胎 *Ardisia gigantifolia*

报春花科

山血丹 *Ardisia lindleyana*

虎舌红 *Ardisia mamillata*

罗伞树 *Ardisia quinquegona*

酸藤子 *Embelia laeta*

大叶过路黄 *Lysimachia fordiana*

杜茎山 *Maesa japonica*

鲫鱼胆 *Maesa perlarius*

柳叶杜茎山 *Maesa salicifolia*

密花树 *Myrsine seguinii*

光叶铁仔 *Myrsine stolonifera*

山茶科

糙果茶 *Camellia furfuracea*

南山茶 *Camellia semiserrata*

木荷 *Schima superba*

石笔木 *Pyrenaria spectabilis*

山矾科

光叶山矾 *Symplocos lancifolia*

黄牛奶树 *Symplocos theophrastifolia*

山矾 *Symplocos sumuntia*

安息香科

栓叶安息香 *Styrax suberifolius*

猕猴桃科

毛花猕猴桃 *Actinidia eriantha*

水东哥 *Saurauia tristyla*

杜鹃花科

南岭杜鹃 *Rhododendron levinei*

杜鹃 *Rhododendron simsii*

丝缨花科

桃叶珊瑚 *Aucuba chinensis*

茜草科

水团花 *Adina pilulifera*

丰花草 *Spermacoce pusilla*

茜草科

鱼骨木　*Psydrax dicocca*
猪肚木　*Canthium horridum*
栀子　*Gardenia jasminoides*
牛白藤　*Hedyotis hedyotidea*
剑叶耳草　*Hedyotis caudatifolia*
龙船花　*Ixora chinensis*
粗叶木　*Lasianthus chinensis*
巴戟天　*Morinda officinalis*
玉叶金花　*Mussaenda pubescens*
乌檀　*Nauclea officinalis*
鸡屎藤　*Paederia foetida*
香港大沙叶　*Pavetta hongkongensis*
九节　*Psychotria asiatica*
蔓九节　*Psychotria serpens*
香楠　*Aidia canthioides*
白花苦灯笼　*Tarenna mollissima*
狗骨柴　*Diplospora dubia*
钩藤　*Uncaria rhynchophylla*
水锦树　*Wendlandia uvariifolia*

龙胆科

灰莉　*Fagraea ceilanica*

夹竹桃科

黄蝉　*Allamanda schottii*
天星藤　*Cynanchum graphistemmatoides*
尖山橙　*Melodinus fusiformis*
杜仲藤　*Urceola micrantha*
羊角拗　*Strophanthus divaricatus*
络石　*Trachelospermum jasminoides*
通天连　*Tylophora koi*
倒吊笔　*Wrightia pubescens*

紫草科

柔弱斑种草　*Bothriospermum zeylanicum*
大尾摇　*Heliotropium indicum*

旋花科

丁公藤　*Erycibe obtusifolia*
五爪金龙　*Ipomoea cairica*

茄科

少花龙葵　*Solanum americanum*

木樨科

白蜡树　*Fraxinus chinensis*
清香藤　*Jasminum lanceolaria*
女贞　*Ligustrum lucidum*
小蜡　*Ligustrum sinense*

苦苣苔科

石上莲　*Oreocharis benthamii* var. *reticulata*
椭圆线柱苣苔　*Rhynchotechum ellipticum*

车前科

车前　*Plantago asiatica*
野甘草　*Scoparia dulcis*

母草科

母草　*Lindernia crustacea*
黄花蝴蝶草　*Torenia flava*

爵床科

板蓝　*Strobilanthes cusia*

马鞭草科

马缨丹　*Lantana camara*
马鞭草　*Verbena officinalis*

唇形科

藿香　*Agastache rugosa*
华紫珠　*Callicarpa cathayana*

唇形科

枇杷叶紫珠 *Callicarpa kochiana*
白花灯笼 *Clerodendrum fortunatum*
赪桐 *Clerodendrum japonicum*
活血丹 *Glechoma longituba*
溪黄草 *Isodon serra*
益母草 *Leonurus japonicus*
薄荷 *Mentha canadensis*
石香薷 *Mosla chinensis*
紫苏 *Perilla frutescens*
广藿香 *Pogostemon cablin*
夏枯草 *Prunella vulgaris*
荔枝草 *Salvia plebeia*
一串红 *Salvia splendens*
半枝莲 *Scutellaria barbata*
韩信草 *Scutellaria indica*
血见愁 *Teucrium viscidum*
黄荆 *Vitex negundo*
山牡荆 *Vitex quinata*

泡桐科

白花泡桐 *Paulownia fortunei*

列当科

独脚金 *Striga asiatica*

冬青科

广东冬青 *Ilex kwangtungensis*
毛冬青 *Ilex pubescens*
铁冬青 *Ilex rotunda*

桔梗科

铜锤玉带草 *Lobelia nummularia*
蓝花参 *Wahlenbergia marginata*

菊科

藿香蓟 *Ageratum conyzoides*
青蒿 *Artemisia caruifolia*

菊科

艾 *Artemisia argyi*
鬼针草 *Bidens pilosa*
艾纳香 *Blumea balsamifera*
东风草 *Blumea megacephala*
小蓬草 *Erigeron canadensis*
东风菜 *Aster scaber*
鳢肠 *Eclipta prostrata*
地胆草 *Elephantopus scaber*
一点红 *Emilia sonchifolia*
马兰 *Aster indicus*
千里光 *Senecio scandens*
夜香牛 *Cyanthillium cinereum*
茄叶斑鸠菊 *Strobocalyx solanifolia*
蟛蜞菊 *Sphagneticola calendulacea*
苍耳 *Xanthium strumarium*
黄鹌菜 *Youngia japonica*

荚蒾科

接骨草 *Sambucus javanica*
南方荚蒾 *Viburnum fordiae*
珊瑚树 *Viburnum odoratissimum*

忍冬科

华南忍冬 *Lonicera confusa*

五加科

树参 *Dendropanax dentiger*
破铜钱 *Hydrocotyle sibthorpioides* var. *batrachium*
鹅掌柴 *Heptapleurum heptaphyllum*

伞形科

积雪草 *Centella asiatica*
刺芹 *Eryngium foetidum*

五、广东封开黑石顶生物学科产教融合实践教学基地简介

广东封开黑石顶生物学科产教融合实践教学基地建设单位为肇庆学院，依托单位为广东封开黑石顶省级自然保护区管理处。学校自 2004 年起与黑石顶自然保护区建立实习基地合作关系，期间曾有停滞，于 2017 年续签《肇庆学院校外专业实习教学基地建设协议》，经过持续多年的生物科学专业和生物技术专业本科生课程实习实践，双方科产教融合关系日趋完善，2021 年由广东省教育厅立项为广东省本科高校科产教融合实践教学基地建设点。

黑石顶生物学科产教融合实践教学基地紧扣立德树人根本任务，坚持社会主义办学方向，以培养高素质应用型人才为目标，不断深化教育教学改革。依托单位广东封开黑石顶省级自然保护区位于广东省封开县中南部，地理坐标为 23°25′～23°29′N，111°49′～111°55′E，北回归线横穿保护区中部向北连通南岭山地，西南通过彼此相连云开山脉、六万山脉和十万山脉与中南半岛相联系，总面积达 4200hm^2。保护区属于典型的北回归线上森林生态系统类型，分布着常绿阔叶林、暖性针叶林等植被类型，林相生态多样，主要保护对象是热带、亚热带常绿阔叶林及野生动植物，国家珍稀濒危动植物资源及其生境，并重点保护国家二级珍稀濒危保护植物黑桫椤种群、封开蒲葵等特有种及其生境。有珍稀濒危和列为国家Ⅰ级、Ⅱ级重点保护物种多达52种。

保护区内生物资源丰富。截至 2013 年，保护区内有大型真菌 40 科 102 属 230 种；蓝藻类植物 9 科 28 属 126 种，苔藓植物 34 科 59 属 80 多种，蕨类植物 30 科 56 属 100 多种，种子植物约 160 科 600 属 1900 多种。其中维管植物 190 科 656 属 2000 多种，含蕨类植物 30 科 56 属 100 种，裸子植物 6 科 8 属 10 种，被子植物 154 科 590 属 1495 种，有不少是国家一级、二级、三级保护的物种，还有两亿多年前就有的孑遗植物——沙椤和黑沙椤、苏铁等，它们是研究中生代植物演替和遗传的活化石；还有世界上独一无二的封开蒲葵、封开新月蕨、封开莲座蕨、线叶紫金牛、金毛半枫荷、黑石顶杨梅等 15 个新种。动物资源有昆虫、野生鱼类、两栖类、爬行类、鸟类、哺乳动物类等，其中，昆虫 15 目 118 科 670 属 1000 多种，有封开匙同蝽、黑翅煌虫等 13 个新种；野生鱼类 4 目 7 科 18 种，两栖类 1 目 6 科 22 种，爬行类 2 目 12 科 44 种，鸟类 14 目 42 科 122 种，哺乳动物类 6 目 13 科 26 种，包括蟒蛇、穿山甲、大灵猫、小灵猫、鬣羚、巨蜥、山猫、黄猄、草鹿、雉鸡、杜鹃、白鹇和褐林鸮等。黑石顶保护区动植物物种资源完全满足肇庆学院生物学相关专业在读本科生的实践实训及科研需求。

保护区管理人员结构合理，技术力量雄厚，拥有一批具有丰富实践经验的专业人才。其管理机构完善，根据保护区的各功能区要求，按“分区管理、分级保护”的原则，实行专职护林管护人员分区划片、分片包干、责任到人、定期检查，对学生在基地实践期间的人身安全有严密保障。目前，该基地是我校植物学野外实习、动物学野外实习、普通生物学、生态学等专业基础课程教学的重要载体，也是培养学生自律自立、自主协作、科研能力、创新意识和团队精神的重要途径。

本基地有较为完善的实践教学科研基础条件。中山大学、中国科学院华南植物园、肇庆学院、香港嘉道理农场暨植物园等我国数十所高等院校、科研单位，以及美、英、日等十几个国家的专家、学者均前来考察和进行科学研究，学术成果积累深厚。黑石顶自然保护区也是中山大学生物学野外教学实习基地和肇庆市科普教育基地，每年有近一千人次学生前来进行野外生物学实习，对实习生的培养已形成较完善和科学的培养模式。近年来，经过肇庆学院生命科学学院师生的共同努力，黑石顶生物学科产教融合省级实践教学基地积累了大量科教图片和视频资料，制作了区系明显的黑石顶动植物标本近 500 份，编撰了校本实习指导用书，并在后续各专业野外课程实习教学过程中不断完善。

肇庆学院广东封开黑石顶生物学科产教融合实践教学基地的建设定位是，通过野外专业课程实习实践，培养学生宽厚的生物学科基础，良好的人文素养，提升学生探索创新能力，使其在实践教学过程中深入理解“人与自然和谐共生”的理念，牢固树立“尊重自然、顺应自然、保护自然”的行为意识。

六、华南国家植物园简介

中国科学院华南植物园前身为国立中山大学农林植物研究所，由著名植物学家陈焕镛院士创建于 1929 年。1954 年改隶中国科学院并易名中国科学院华南植物研究所，1956 年建立华南植物园和鼎湖山国家级自然保护区，2003 年更名为中国科学院华南植物园。2022 年 5 月 30 日，国务院批复同意依托中国科学院华南植物园设立华南国家植物园。同年 7 月 11 日，举行华南国家植物园揭牌仪式。2023 年入选全国科学家精神基地、中国科学院弘扬科学家精神示范基地和广东省直机关文明单位。

全园由三个园区组成。一是位于广东省广州市的科学研究园区，占地 36.8hm^2，拥有植物科学、生态与环境科学、农业与生物技术三个研究中心，以及馆藏标本120万余份的植物标本馆、图书馆、《热带亚热带植物学报》编辑部、信息中心、CMA及CNAS双资质认证的公共实验室等支撑系统。二是紧邻科学研究园区的植物迁地保护园区，占地282.5hm^2，建有展览温室群景区、龙洞琪林景区、珍稀植物繁育中心，以及木兰园、棕榈园、姜园等38个专类园区，迁地保育植物18572种（含种下分类单元）。三是位于广东省肇庆市的鼎湖山国家级自然保护区暨树木园，占地面积约1133hm^2，是我国第一个自然保护区，1980年获批成为我国首批联合国教科文组织世界生物圈保护区，被誉为“北回归线上的绿色明珠”；2013年成为中国科学院与生态环境部共建的国家级自然保护区，2020年鼎湖山保护区作为星湖风景名胜区的重要组成部分被确定为国家AAAAA级旅游景区；共有高等植物2291种，其中就地保护的野生高等植物1778种、引种栽培植物513种。

华南国家植物园联合建设有植物多样性与特色经济作物重点实验室，拥有2个国家野外科学观测研究站/CERN站（鼎湖山站、鹤山站，鼎湖山站2023年入选首批国家生态质量综合监测站），中国科学院定位研究站/广东省定位观测研究站（小良站）、广东省定位观测研究站各1个；1个国家林业和草原局重点实验室、3个中国科学院重点实验室（植物资源保护与可持续利用、退化生态系统植被恢复与管理、华南农业植物分子分析与遗传改良）、2个广东省重点实验室（数字植物园、应用植物学）；中国科学院工程实验室（海岛与海岸带生态修复）、广东省工程技术研究中心（特色植物资源开发）各1个，以及广东省种质资源库、华南植物鉴定中心等科研平台；是国际植物园保护联盟（BGCI）中国项目办公室、国际植物园协会（IABG）秘书处、世界木兰中心、广东省植物学会、广东省植物生理学会所在单位。

华南国家植物园在规划建设和发展过程中，确立了“科学内涵、艺术外貌、文化底蕴”的建园理念和“山清水秀、鸟语花香、峰回路转”的岭南园林建设目标。遵循中国传统园林“师法自然”美学思想，建成了以龙洞琪林为代表的自然式园林基本格局，开拓了以凤梨园和兰园为代表的新岭南园林特色以及温室群景区为代表的现代栖息地造园风格，是国家AAAA级旅游景区。华南植物园历来重视科普教育理论和方法研究，注重知识传播与公众科学教育，1997年与广东省科协共建全国第一个科普教育基地“广东省植物学科学普及基地”，开创了科普教育基地建设的先河，后在全国推广；建成“全国科普教育基地”“全国中小学生研学实践教育基地”“国家科研科普基地”“国家林草科普基地”等37个科普基地；2002年建成我国第一条自然教育径“蒲岗自然教育径”；常年开设琪林科学讲坛、高端科学资源科普课程以及“博物四季”“自然课堂”“押花艺术”“自然观察”“植物科学”“自然笔记”6大系列科普教育课程，举办各类教育培训、大型科普活动与主题花展。先后荣获“全国科普工作先进集体”“全国科普日活动先进单位”“中国科学院科学传播先进单位”“十佳广东省科普基地”“广州市最受市民欢迎的科普基地”“广州市爱国主义教育优秀基地”等称号，2019年和2022年被评为“中国最佳植物园”。鼎湖山保护区建有“看见鼎湖山”主题展览室、自然教育径及黄花大苞姜3D模型等科教设施，开设“自然森林”和“小小公民科学家”等探究式自然教育课程。

华南国家植物园“十四五”使命定位是：立足华南，致力于全球热带亚热带地区的植物保育、科学研究和知识传播，在植物学、生态学、农业科学、植物资源保护与利用关键技术等方面建成国际高水平研究机构，引领和带动国家植物园体系建设与世界植物园发展，为绿色发展提供科技支撑。

第三部分

附录

附录1 植物学实验室规则和安全事项

高校实验室是大学生基础实践教学和技能培训的重要平台，植物学实验室是进行植物学实验、实习教学及相关科研工作的主要场所。实验室是一个涉及水、电、仪器设备及各种化学试剂的复杂场所，实验人员的操作失误极可能引发实验室安全事故，因此教师、实验室管理人员及学生应当接受实验室安全教育，严格遵守实验室的各项规章制度，熟悉相关防护知识。一旦发生事故，能够及时采取正确的急救措施。

一、实验室规章制度

（一）实验室学生实验守则

① 学生进入实验室，要严格遵守实验室管理条例，必须服从管理人员和教师的安排，上实验课时，不得迟到、早退。

② 做实验之前要做好预习，专心听指导老师讲授，在弄懂仪器、药品、材料的特性和操作规程后，经教师同意才能进行实验。

③ 实验课期间，应保持室内安静，不得高声叫嚷和谈笑喧哗。

④ 做实验时，要节约水、电、药品等，除指定实验使用仪器外，不得乱动其他设备。实验过程要认真做好记录。对于强酸、强碱和有毒药品及植物残渣，不能乱扔乱放，应在老师指导下进行处理。

⑤ 实验完毕应把仪器、工具放回原处，认真填写仪器使用记录，并报告指导老师或管理人员。

⑥ 保持实验室清洁卫生，室内严禁吸烟、吃东西、随地吐痰（香口胶）、乱扔纸屑杂物和乱写乱画。每次实验结束，个人清理好自己的实验台，打扫实验室卫生。

⑦ 离开实验室时，应注意检查水、电、火等是否关掉，并注意关好门窗。

（二）实验室安全规则

① 实验室内应配备相应的消防器材，消防器材必须放在显眼、方便使用的地方。实验室管理人员要熟悉灭火器材的性能及使用方法，做好定期检查。

② 实验室管理人员应定期检查电源线路、插排和仪器设备等，发现线路老化或者仪器损坏应及时维修更换。注意不得超负荷使用电器设备。

③ 使用玻璃器皿、刀片和剪刀等工具及动力设备时，应注意防止割伤和机械损伤。实验室内应配备医药箱，遇突发情况可以进行及时处理。

④ 配制有毒试剂，应在通风橱内进行，操作人员应戴好口罩、手套或者防毒面罩。试剂配制好后，应在试剂瓶上贴好标签，包括成分、配制人和日期等信息。

⑤ 实验过程中产生的废液，应根据废液的成分进行处置。具有较强的腐蚀性和毒性的废液，应倒在专门设置的废液桶内。一般废液可倒入水槽中，并立即用水冲洗。

⑥ 实验管理人员每次实验完毕和下班前都要进行实验室安全检查，并切断电源、气源、水源，锁好门窗。

二、实验室急救常识

① 实验室一旦发生火灾，应保持镇静，立即切断室内一切火源和电源，然后根据具体情况积极正确地进行灭火和抢救。

② 实验室如果有人发生触电事故，应立即关闭电源、使用绝缘柄的电工钳切断电线或者用绝缘的木棒、木柄等绝缘物作为工具，使触电者脱离电源。再根据触电者的具体情况进行相应的急救措施。

③ 皮肤灼伤：若被强酸、溴等灼伤，可用大量水冲洗，再用 5% 碳酸氢钠洗涤。若由强碱及类似物灼伤，应用水冲洗，再用 5% 硼酸洗涤。

④ 烫伤：先用 70% 酒精消毒，再涂苦味酸软膏。若皮肤起泡切记不要弄破水泡，以免感染。

⑤ 割伤：先看伤口内有无玻璃或金属碎片，用硼酸水洗净，涂以碘酒或红汞水。若伤口严重，可用纱布包扎，紧扎伤口向心血管止血，并立即送往医院。

附录2

植物学实验常用试剂配制

一、植物学实验常用染色液

1. 醋酸洋红染色液

取45mL冰醋酸，加蒸馏水55mL，煮沸后慢慢加入洋红1g，搅拌均匀后加入1颗铁锈钉，煮沸10min，冷却后过滤，贮存在棕色瓶内保存备用。

2. 碘－碘化钾（I_2–KI）染液

按照表1配制碘-碘化钾染液，先将碘化钾加入蒸馏水中，加热使其完全溶解，然后再加入碘溶解，将此液保存在棕色玻璃瓶备用。稀碘液通常将此液稀释2～10倍。

表1　碘–碘化钾染液配方

碘	1g
碘化钾	2g
蒸馏水	100mL

3. 中性红溶液

中性红溶液配制见表2。此液用于染细胞中的液泡，可鉴定细胞的死活，使用时再稀释10倍左右。染色后用偏酸性洗液（如蒸馏水）冲洗，则活细胞中细胞质红色，液泡处色浅而透明；而死细胞则全部呈不均匀红色。

表2　中性红溶液配方

中性红	0.1g
蒸馏水	100mL

4. 番红、固绿、钌红染色液

番红是碱性染料，种类多且应用广，能够把高等植物木质化细胞壁及角质组织染成红色，在细胞学中则用来将细胞核、染色质和染色体染成红色，常与固绿作对染剂。

固绿是酸性染料，可将纤维素的细胞壁和细胞质染成蓝绿色，该染色液染色快，通常 10 ～ 30s 即可，不易褪色。在植物组织制片中常与番红配合进行对染。

钌红是细胞间层专性染料，配后不易保存，应现配现用。

以上三种染色液配方见表 3。

表3　番红、固绿、钌红染色液配方

番红染色液（此液需过滤后使用）	番红	0.1g
	蒸馏水	100mL
固绿染色液（此液需过滤后使用）	固绿	0.1g
	95% 乙醇	100mL
钌红染色液（此液需现配现用）	钌红	5 ～ 10mg
	蒸馏水	25 ～ 50mL

二、标本制作常用试剂

1. FAA 固定液（万能固定液）

此液在植物形态解剖研究上应用广泛，适用于一般根、茎、叶、花药及子房等组织切片。可兼有保存剂作用，但是对染色体观察效果较差。经此液固定后的材料可不必洗涤，直接用 70% 乙醇脱水。配方见表 4。

表4　FAA固定液配方

38% 甲醛	5mL
冰醋酸	5mL
70% 乙醇	90mL

2. FPA 固定液

此液用于固定一般的植物材料，通常固定 24h，效果比 FAA 固定液好，并可长期保存。配方见表 5。

表5 FPA固定液配方

37% 甲醛	5mL
丙酸	5mL
70% 乙醇	90mL

3. 卡诺氏固定液

此液是研究植物细胞分裂和染色的优良固定液，常用于观察根尖、茎尖及花药压片中的染色体及石蜡切片中的组织结构等。有极快的渗透力，一般根尖材料固定 15 ～ 20min 即可，花药则需 1h 左右。此液固定最多不超过 24h，固定后用 95% 乙醇冲洗至不含冰醋酸为止，如果材料不马上用，需转入 70% 乙醇中保存。配方见表 6。

表6 卡诺氏固定液配方

配方一		配方二	
无水乙醇	6 份	无水乙醇	3 份
冰醋酸	1 份	冰醋酸	1 份
氯仿	3 份		

三、离析液

离析是通过药物作用，将组织浸软，使组织的各个组成部分之间的某些结合物被溶解而分离的一种方法。常用的离析液有以下几种：

1. 铬酸 – 硝酸离析液

此液适用于木质化组织，如导管、管胞、纤维、石细胞等，亦可用于草质根、茎成熟组织的解离。检查材料是否解离，可取出材料少许，放在载玻片上，加盖玻片后，用解剖针末端轻轻敲打，若材料分离，表明离析时间已够。此时应移去离析液，用水冲洗干净，保存在 50% 或 70% 的乙醇中备用。

配方：10% 铬酸液，10% 硝酸液等量混合即可。

2. 盐酸 – 草酸铵离析液

此液适用于草本植物破壁组织和叶肉组织等的解离。把材料切成约

1cm×0.5cm×0.2cm 的小块，放入甲液中，若材料中有空气，应先抽气，然后更换一次离析液。24h 后用水冲洗干净放入乙液中，每隔 1 ～ 2d 检查材料是否解离。配方见表 7。

表7　盐酸-草酸铵离析液配方

<table>
<tr><th colspan="2">甲液</th><th>乙液</th></tr>
<tr><td>70% 或 90% 乙醇</td><td>3 份</td><td rowspan="2">0.5% 草酸铵水溶液</td></tr>
<tr><td>浓盐酸</td><td>1 份</td></tr>
</table>

3. 酒精 – 盐酸离析液

此液一般用于离析非常柔软的材料，如根尖、茎尖和幼叶等。在 50℃左右恒温下，离析 24h。

配方：浓盐酸与 95% 乙醇等量混合。

四、封固剂

加拿大树胶是石蜡切片常用的封固剂。将树胶溶入二甲苯即可配制完成。配制浓度以在玻璃棒一端形成小滴滴下而不呈线状为宜，配制时切记不能混入水分和酒精，也不能加热。

五、常用清洁剂

将乙醚和乙醇按 7∶3 混合，装入滴瓶备用。用于擦拭显微镜镜头上油剂污垢等（注意瓶口必须塞紧，以免挥发）。

六、各级乙醇配制

由于无水乙醇价格偏高，故常用 95% 乙醇配制，配制方法很简单，用 95% 乙醇加上一定量的蒸馏水即可，可按下列公式推算：

95% 乙醇的用量 = 最终乙醇浓度值 ×100

所需蒸馏水量 =[原乙醇浓度值（95%）– 最终乙醇浓度值] × 100

配方见表 8。

表8 各级乙醇配方

最终乙醇浓度	95% 乙醇用量	蒸馏水量
30%	30mL	65mL
50%	50mL	45mL
70%	70mL	25mL
85%	85mL	10mL

附录3
叶脉标本制作技术流程

通过离析去掉叶片的表皮和叶肉，将剩余的叶脉压平并干燥，可制作叶脉标本。叶脉标本可用于植物学分类研究，经过染色或绘画后还可以制成艺术品供鉴赏或作为书签使用。

一、实验材料

采集新鲜叶片，挑选大小合适，无伤口和病斑点，叶形比较平整的叶片，清水洗净备用。

二、实验仪器、用具和药品

① 仪器与用具：烧杯、玻璃棒、镊子、电磁炉、不锈钢锅、电子天平、毛笔、搪瓷托盘、广口瓶、吸水纸；

② 药品：氢氧化钠、碳酸钠、漂白液、染色剂、蒸馏水。

三、制作方法

1. 离析液、漂白液、染液剂的配制

离析液：离析液需新鲜配制使用。根据需要离析的叶片数量按照表 9 中的配方配制相应的离析液。

漂白液：按照表 9 配制漂白液的稀释液，或配制漂白粉饱和水溶液取其上清液待用。

染色剂：取少量番红、固绿等生物染料或普通颜料，加蒸馏水配成浓淡相宜的水溶液。

表9　离析液和漂白液配方

离析液		漂白液	
碳酸钠	2.5g	漂白剂	5 ～ 10mL
氢氧化钠	3g	蒸馏水	100mL
蒸馏水	100mL		

2. 叶片离析

将清洗干净的叶片置于沸水中烫一下，再转移至离析液中煮沸离析。煮沸时间的长短视叶片质地而定，通常为 10 ～ 30min，叶片较厚或较硬需要时间较长，反之则较短。煮的过程需随时检查离析效果，表皮和叶肉容易被扫离叶脉，则说明离析时间已够，即停止加热，否则应继续加热离析。把已离析好的叶子捞出，放入水中待用。

3. 扫除表皮和叶肉

将叶片取出置于搪瓷托盘中并展平，用毛笔轻轻刷扫，注意不要破坏叶，并清水冲洗，去除扫出的浮物，直至整个叶片呈透明状。把清洗干净的叶脉用吸水纸吸干，夹于厚书本中压平，即成原色的叶脉标本。

如果需要制作彩色叶脉标本，则要进行漂白和染色。

4. 漂白

在搪瓷托盘中倒入适量漂白液，把清洗干净的叶脉放入漂白液中漂白 5 ～ 10min 至叶脉由原来的褐色变为微黄色。用镊子从漂白液中取出叶脉，并用清水彻底洗去漂白液。

5. 染色

在搪瓷托盘中倒入配制好的染色剂。将已漂白并清洗过的叶脉用吸水纸吸干，然后放入染液中染色数分钟。染色前要把叶脉上残留的漂白液彻底清洗干净，否则易使染液失效。从染色液中取出叶脉，吸去多余染液，夹在厚书本中压平，干燥后过塑保存。

附录4
植物浸制标本制作技术流程

浸制标本（液浸标本）即通过使用药液来浸泡、固定和保存植物，使其可以保持原有形态和颜色的技术。浸制标本立体感强，便于观察植物的某些器官，如果实内部结构。

一、实验材料

新鲜的植物，清水洗净备用。

二、实验仪器、用具和药品

① 仪器与用具：广口瓶、标本瓶、玻璃板、烧杯、玻璃棒、镊子、棉线、毛刷、剪刀、标签纸。

② 药品：硫酸铜、亚硫酸、37% 甲醛、硼酸、冰醋酸、氯化钠、甘油、酒精、蒸馏水。

三、制作方法

1. 一般植物标本的浸制

根据表 10 配方配制保存液，将洗干净并整理好形状的标本固定于玻璃板上，置于标本瓶中保存液保存。本方法可以对标本起防腐保存作用，但不能保存标本原色。

表10　保存液配方

37% 甲醛	5 ～ 10mL
蒸馏水	90 ～ 95mL

2. 绿色果实浸制标本

将洗干净的绿色果实在表 11 配方 1 中浸泡 10 ～ 20 天，取出清水洗净再浸入表 10 的保存液中长期保存。也可以先将果实浸泡在饱和硫酸铜溶液中 1 ～ 3 天，取出清水洗净后再浸泡于 0.5% 亚硫酸中 1 ～ 3 天，最后置于表 11 配方 2 溶液中长期保存。

表11　绿色果实保存配方

配方 1		配方 2	
硫酸铜饱和溶液	75mL	亚硫酸	1mL
37% 甲醛	50mL	甘油	3mL
蒸馏水	200mL	蒸馏水	100mL

3. 黄色果实浸制标本

将洗干净的黄色果实浸泡于表 12 的保存配方中，可长期保存。

表12　黄色果实保存配方

6% 亚硫酸	268mL
80% ～ 90% 酒精	568mL
蒸馏水	450mL

4. 黄绿色果实浸制标本

先用 20% 的酒精泡果实 4 ～ 5 天，当表面出现少量斑点后加入 15% 亚硫酸浸泡 1 天。将植物取出洗净再浸泡于 20% 酒精中硬化、漂白，直到斑点消失。最后加入 2% 亚硫酸和 2% 甘油长期保存。

5. 红色果实浸制标本

将洗净的红色果实浸泡在表 13 配方 1 中 1 天，如不出现明显混浊，可放在表 13 配方 2、配方 3、配方 4 的混合液中长期保存。在浸泡果实时注意药液不可过满，以能浸没材料为宜，浸泡后应用凡士林等黏合剂将标本瓶封口，以防止药液蒸发变干。

表13　红色果实保存配方

配方 1		配方 2	
37% 甲醛	4mL	37% 甲醛	15mL
硼酸	3g	甘油	25mL
蒸馏水	400mL	蒸馏水	1000mL

续表

配方 3		配方 4	
亚硫酸	3mL	硼酸	30g
冰醋酸	1mL	酒精	132mL
甘油	3mL	37% 甲醛	20mL
水	100mL	蒸馏水	1360mL
氯化钠	50g		

附录5
根茎类药用植物腊叶标本制作技术流程
——以南药巴戟天为例

药用植物腊叶标本是教学和科研生产中常用的资料，也是药用植物分类工作的基础，在药用植物的教学、科研、中药鉴定和中药材生产中发挥着重要的作用。根茎类药用植物的根茎部分含水量大，糖分含量高，干燥不彻底容易发生虫蛀、霉变等现象，且质地坚硬不易整形，进行腊叶标本制作存在一定困难。巴戟天是我国著名的“四大南药”之一，药材基原来源于茜草科植物巴戟天（*Morinda officinalis*）的干燥根，味甘、辛，性微温，具有补肾阳、祛风湿、强筋骨的功效。在现有文献对植物腊叶标本制作的基础上，以南药巴戟天为材料，开展根茎类药用植物腊叶标本的制作技术研发，总结出以下技术流程：南药巴戟天秋冬季采集→进行清洗和整形预处理→适当增加换纸频率和重物辅助压制干燥→高温烘干消毒→针线固定法装订→实物保存及数字化保存。具体操作流程如下。

一、前期准备

1. 仪器与用具

仪器有电子天平［BSA124S-CW型，赛多利斯科学仪器（北京）有限公司］、数显卡尺（0～150mm型，上海九量五金工具有限公司）、鼓风干燥箱（DHG-9145A型，上海一恒科学仪器有限公司）、数码照相机（佳能EOS 77D）等；用具有标本夹（45cm×35cm）、瓦楞纸（45cm×30cm）、吸水纸（45cm×30cm）、台纸（全开787mm×1092mm、半开540mm×780mm）、铁锹、枝剪、采集记录卡、盒尺、毛刷、手套、白乳胶、针线、标尺、塑封袋等。

2. 实验材料采集

巴戟天等根茎类药用植物一般在秋冬季采集。采集时先观察植物地上部分的主要形态特征，选择枝叶生长正常、无病虫害的健康植株，全株采集。采集地下肉质根时，为避免破坏根部的完整性，采挖时要先推测根系整体分布情况，把握好采挖的力度、深度和范围。采集后挑选出形态完整并具代表性的植株，及时记录肉质根的基本形态特征以及采集信息，按要求填写采集记录卡（图 1）。

采集记录

标本号数：________________________

采集人：____________　采集号数：________

采集日期：______年______月______日

采集地点：________________________

____________________海拔：________米

环境：________________________

____

性状：________高______米；胸径：________厘米

____

____

____

用途：________________________

科名（号）：________________________

土名：________________________

图 1　标本采集记录卡式样图

二、预处理

根茎类药用植物根部表面较多横纹，容易残留污泥，部分根系中段或者尾端会有虫害发黑现象，影响整体标本的形态。故压制前需对巴戟天植株根茎进行清洗、去掉余泥、修剪整形等预处理。采用水洗法清除根茎的残土，将采集好的巴戟天肉质根充分浸泡后用软毛刷、纱布等工具反复清洗 2 ～ 3 次，直至清洗干净。清洗肉质根时需要戴上服帖的胶手套进行操作，以免手指指甲或刷毛损坏肉质根的表皮，影响原有形态。

刚清洗好的肉质根含水量高，根系质地脆，应先晾干表面水分，次日再进行修剪整形操作。修整根系时，避免用手直接拉断须状根，应使用镊子夹住需要去除的须根顶端，用剪刀去除。巴戟天肉质根修剪后搁置的时间越长，越不利于进一步整形，要注意及时整理根系的形态。在清洗、整理、定形等操作中，务必遵循保持植物根茎原有形态和色泽的原则，以便准确展示植物自然生长的特性。

三、干燥

1. 压制

传统干燥法是指利用吸水纸吸收植物水分而使标本干燥的方法。即将修整后的植物根茎置于标本夹上，在植物根茎上下分别叠放几层吸水纸与瓦楞纸。巴戟天肉质根较为粗大，可视情况增加一些吸水纸。草本类药用植物常常叠加压制以减少空间占用。但根茎类药用植物根部较坚硬、膨大，不宜采用多株叠放方法，宜单株单压。在标本夹上方增加重量辅助物进行压制，可以加快标本的干燥速度。为了保证标本的压制受力均匀，辅助物要平整且重量大小均一，旧书籍不仅取材方便，而且可以重复利用，是一种良好的辅助物材料。

2. 换纸

在根茎类药用植物腊叶标本压制干燥过程中，每 2 天换纸 1 次，换出的湿纸应晒干或烘干，以供重复使用，直至标本完全干燥。梅雨天气时，可以合理增加换纸频率，以免标本出现发霉和变色等现象。在换纸时，要结合整理标本，巴戟天肉质根在干燥的第 5 天到第 15 天时根部柔软，最适合整形。标本整形需控制好力度，以避免根系折断，主根与侧根、侧根与侧根之间尽量不重叠，坚持自然性、科学性和美观性相统一。

四、消毒

标本在干燥过程中会残留虫卵、孢子等微生物，如果没有进行消毒处理，随着时间的推移，可能会发生虫蛀或发霉等情况，导致标本受损或者无法进行后续的观察和研究，因此，必须认真做好标本的消毒工作。为了避免升汞、酒精等溶液操作不当引起中毒，巴戟天肉质根标本可高温烘干消毒，放在恒温干燥箱中（95℃）烘 1 ～ 2 天，该法安全有效。

五、装订

台纸规格的选取依标本体型大小而定。标本需固定到台纸适当的位置上，留出左上角和右下角分别贴上采集记录卡和标本鉴定签，此外四周还需留出 2 ～ 3cm 宽度，以便于安装标本框。根茎类药用植物腊叶标本，建议采用针线固定法来保证标本牢固度。操作方法为：将干燥的标本放置在合适规格的台纸上，选择几个具有隐蔽性的固定点进行固定，然后用白棉线将肉质根固定在固定点上，并穿过台纸背面，将棉线打结。固定标准是肉质根系不会起翘或移位，注意不要使用过多的固定点，否则会影响标本的美观性。

固定后，可使用植物检索表或植物志等工具书进行鉴定，并填写标本鉴定签（图 2）。最后，将采集记录卡和鉴定签贴在台纸上，并粘贴标尺。粘贴标尺时要注意与台纸边缘相平行，避免歪斜。在装订标本时，要确保标本完整，根系无遮挡，与台纸固定牢固。需使用标尺、采集记录卡和鉴定签，并盖上标本室保存章。标本相关信息的排版，需要考虑纸张规格、字体大小、颜色等因素，各种植物信息资料的规格需要依据标本体型大小进行调整，以便于观察和保证标本整体协调美观。

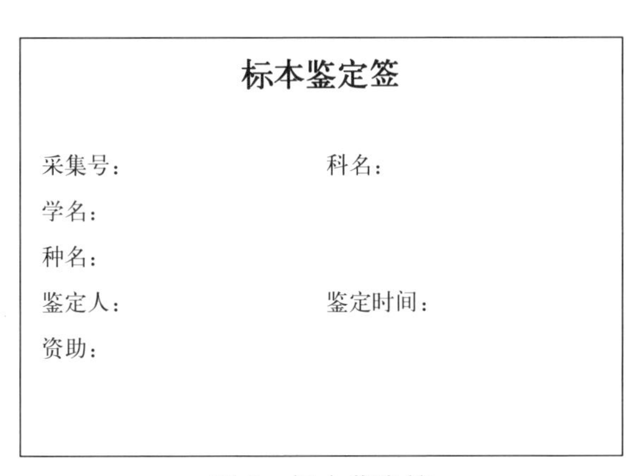
标本鉴定签

采集号：　　　　　科名：
学名：
种名：
鉴定人：　　　　　鉴定时间：
资助：

图 2　标本鉴定签

六、保存

制作好的根茎类药用植物腊叶标本需进行永久保存以供教学和科研使用。保存方式一是实物保存，标本应用塑封袋装好放在干燥、防潮、防蛀的专门区域或标本柜保存。同时需对每个标本进行编号分类登记以便管理，长期不使用时需定期检查，发现虫蛀、破损、发霉情况时要及时处理。取用或放置过程中要轻拿轻放，避免标本破碎或脱落。保存方式二是数字化保存，利用数码照相设备对实物标本进行拍摄保存，然后通过电脑修图软件进行后期处理形成影像资料保存。与实体保存相比，数字化保存具有观察效果好、易保存、易查找、易交流等优点，对教学和科研具有重要参考意义。

图 3 为不同生长年限巴戟天肉质根标本形态的比较。

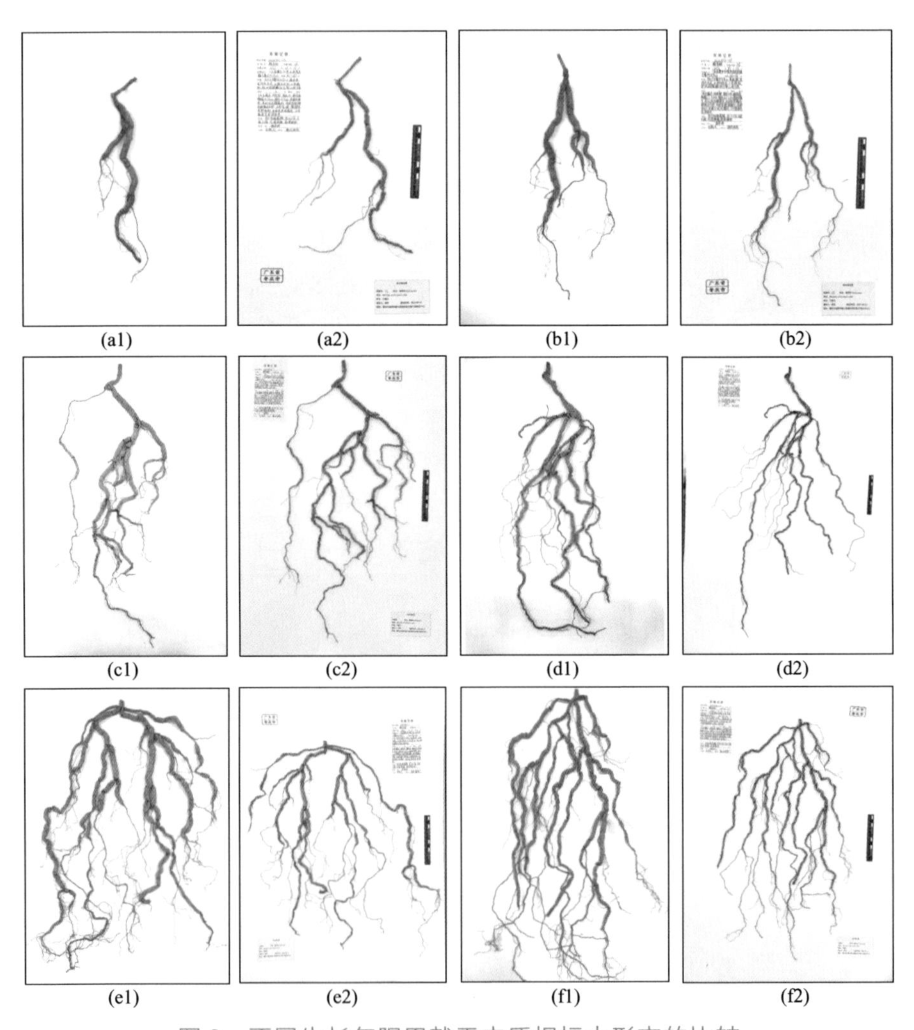

图 3　不同生长年限巴戟天肉质根标本形态的比较

（a1）、（b1）：3 年生巴戟天肉质根鲜品；（a2）、（b2）：3 年生巴戟天肉质根标本；
（c1）、（d1）：8 年生巴戟天肉质根鲜品；（c2）、（d2）：8 年生巴戟天肉质根标本；
（e1）、（f1）：13 年生巴戟天肉质根鲜品；（e2）、（f2）：13 年生巴戟天肉质根标本

附录6 大型菊科植物腊叶标本制作技术流程

一、仪器与耗材准备

DHG-9145A 型电热鼓风干燥箱（上海一恒科学仪器有限公司）、D3200 型单反数码相机（日本尼康株式会社）、采集袋、标本夹、吸水纸、枝剪、铲子、瓦楞纸、硬纸板（80cm×100cm 和 80cm×50cm）、旧报纸、压制重物、脱脂棉、镊子、针线、白乳胶、台纸（78.7cm×109.2cm 和 29.5cm×39.5cm）、剪刀。

二、采集

选择人工栽培的具有地域代表性的大型菊科植物，在花期整株采挖，放入采集袋中，运输过程中注意保护植物，以保持植株良好的形态。

三、压制

① 预处理：剪取大型菊植株上最具代表性的大型枝条、小型枝条和花器官（菊花），修剪去掉病虫枝和枯叶，用流水或湿纸巾进行清洁。

② 大型枝条的压制：首先在工作台或地面上铺垫 80cm×100cm 硬纸板，硬纸板上铺置 3 ～ 4 张报纸，放上新修剪的大型枝条。然后利用 80cm×50cm 的小型硬纸板将大型枝条的分枝分层整形、压制，每层分枝需分别使用 2 ～ 3 张报纸进行整理固定，按照由下至上的顺序依次分层压制，层层压紧。大型枝条整理完成后，上层再铺垫 80cm×100cm 的硬纸板，放置在阴凉通风处，放上压制重物固定标本。标本压制的第 1 天换纸两次，第 2 ～ 4 天每天换纸一次，第 5 天后隔天换纸一次，直至标本完全干燥。

③ 小型枝条的压制：标本夹板上放瓦楞纸和吸水纸，放上新修剪的小型枝条，结合枝条的自然生长形态合理整形，配置部分叶子背面向上，整形完成后放上吸水纸初步固定。其余枝条按以上步骤依次固定，层层罗叠，注意首尾相错，标本构图保持美观平衡。最后将另一片夹板压上，用绳子捆紧标

本夹，放置在阴凉通风处。第 1 天换两次纸，第 2 ～ 4 天每天换纸一次，第 5 天后隔天换纸一次，直至标本完全干燥。

④ 花器官（菊花）的压制：底层放上瓦楞纸和吸水纸，按照花器官各生长期科学摆放，边整形边固定，最后用轻物置上压制固定即可。初压时每天换 2 ～ 3 次纸，换纸时需对苞片合理整形，3 ～ 4 天后每天换一次纸，直至花器官完全干燥。

四、装订

根据标本的形态大小合理选择台纸。放上压制干燥定型的枝条或花器官，确定其在台纸上的位置后，合理修剪去破损的或者多余的枝条或叶片部分。采用缝线法固定枝条，尽量隐蔽针孔。棉线收紧后，用白乳胶固定叶片、花器官和细小的枝条。待白乳胶风干后，将填写好的采集记录标签和标本鉴定签粘贴到台纸上。

五、保存

每份菊科植物腊叶标本以瓦楞纸作为间隔，放入电热鼓风干燥箱中用 65℃处理 2h，处理完成后，用密封袋封装，放入植物标本室标本柜中独立放置，可长久保存。

腊叶标本见图 4、图 5。

图 4　广东河台黄金菊大型枝条腊叶标本

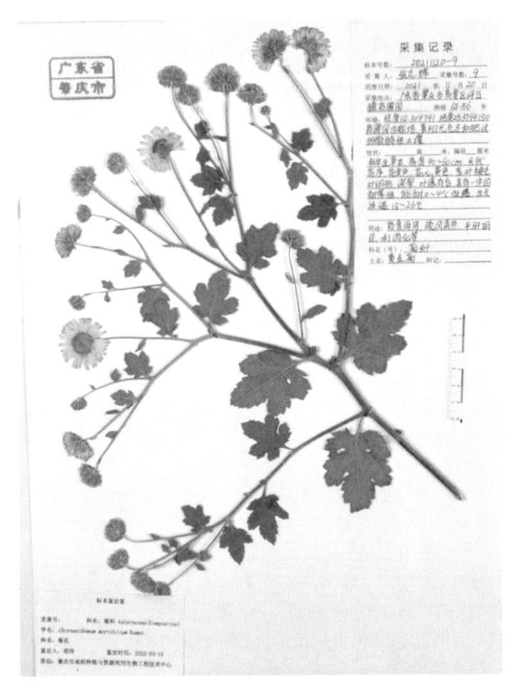

图5　广东河台黄金菊小型枝条腊叶标本

参考文献

Stern K R, 2008. Introduction of Plant Biology 11th ed. [M]. New York: The mcGraw-Hill Compaines Inc.
哀建国，黄坚钦，黄有军，等，2011. 植物学自主性实验体系构建与实践 [J]. 教育教学论坛 (6): 111-112.
曹慧娟，1993. 植物学 [M]. 北京：中国林业出版社 .
翟明，王祥润，吴漫婷，等，2021. 基于资源普查下植物腊叶标本的规范化制作研究 [J]. 中医药学报，49(11): 43-46.
段国禄，施江，等，2008. 植物制片、标本制作和植物鉴定 [M]. 北京：气象出版社 .
冯志坚，周秀佳，马炜梁，等，1993. 植物学野外实习手册 [M]. 上海：上海教育出版社 .
高信曾，1986. 植物学实验指导（形态、解剖部分）[M]. 北京：高等教育出版社 .
何凤仙，1999. 植物学实验 [M]. 北京：高等教育出版社 .
贺学礼，2004. 植物学实验实习指导 [M]. 北京：高等教育出版社 .
贺学礼，2009. 植物学 [M]. 北京：高等教育出版社 .
洪德元，1990. 植物细胞分类学 [M]. 北京：科学出版社 .
胡适宜，2005. 被子植物生殖生物学 [M]. 北京：高等教育出版社 .
淮虎银，金银根，孙国柴，等，2006. 植物学综合性实验项目的设计与实践 [J]. 实验室研究与探究 (5): 638-640.
李文琪，1993. 植物学实验实习指导 [M]. 杨陵：天则出版社 .
李玉平，2008. 植物生物学实验 [M]. 杨凌：西北农林科技大学出版社 .
李正理，张新英，1983. 植物解剖学 [M]. 北京：高等教育出版社 .
梁国华，洪雅琦，李翠珍，等，2022. 鼎湖山自然保护区野生种子植物区系特征 [J]. 西南林业大学学报（自然科学）: 1-10.
梁文斌，2010. 植物学实验开放自主式教学的探究与实践 [J]. 中南林业科技大学学报（社会科学版）(4): 131-133.
刘德旺，青梅，于娟，等，2014. 标准化操作规程在腊叶标本制作中的应用研究 [J]. 内蒙古医科大学学报，36(S2): 971-974.
刘虎岐，2001. 植物学实验 [M]. 西安：世界图书出版公司 .
刘宁，2016. 植物生物学实验指导 [M]. 北京：高等教育出版社 .
陆时万，徐祥生，沈敏健，1991. 植物学上册 [M]. 北京：高等教育出版社 .
马炜梁，2009. 植物学 [M]. 北京：高等教育出版社 .
倪兰瑜，王祥生，1983. 植物标本制作 [M]. 福州：福建科学技术出版社 .
强胜，郭凤根，姚家玲，2006. 植物学 [M]. 北京：高等教育出版社 .
汪劲武，1990. 种子植物分类学实验和实习 [M]. 北京：高等教育出版社 .
汪矛，2003. 植物生物学实验指导 [M]. 北京：科学出版社 .
王焕冲，2012. 植物学野外实习指导 [M]. 北京：高等教育出版社 .
王英典，刘宁，2001. 植物生物学实验指导 [M]. 北京：高等教育出版社 .
肖亚萍，田先华，2011. 植物学野外实习手册 [M]. 北京：科学出版社 .
谢国文，2003. 植物学实验实习指导 [M]. 北京：中国科学文化出版社 .
徐汉卿，2000. 植物学 [M]. 北京：中国农业大学出版社 .
杨继，2000. 植物生物学实验 [M]. 北京：高等教育出版社 .
杨世杰，2002. 植物生物学 [M]. 北京：科学出版社 .
叶炫，邵玲，陈雄伟，2017. 广东黑石顶自然保护区观花植物资源及其园林应用 [J]. 中国园林，33(05): 86-90.
尹祖棠，1993. 种子植物实验及实习（修订版）[M]. 北京：北京师范大学出版社 .
尤瑞麟，2007. 植物学实验技术教程 [M]. 北京：北京大学出版社 .
张彪，金银根，淮虎银，2001. 植物形态解剖学实验 [M]. 南京：东南大学出版社 .
张彪，2000. 植物形态解剖学实验 [M]. 南京：东南大学出版社 .
张宪省，贺学礼，2003. 植物学 [M]. 北京：中国农业出版社 .
章英才，王俊，2008. 植物学实验 [M]. 银川：宁夏人民出版社 .
赵宏，2009. 植物学野外实习教程 [M]. 北京：科学出版社 .

赵杏花，燕玲，蓝登明，等，2011. 植物学实验教学改革探讨 [J]. 内蒙古农业大学学报（社会科学版）(1): 170-171.
中国科学院中国植物志编辑委员会，1979. 中国植物志（1 ～ 80 卷）[M]. 北京：科学出版社
周仪，1993. 植物形态解剖学实验 [M]. 北京：北京师范大学出版社.
周仪，1988. 植物学（上册）[M]. 北京：北京师范大学出版社.
周云龙，1992. 植物学实验指导 [M]. 北京：北京大学出版社.
周云龙，刘全儒，2016. 植物生物学 [M]. 北京：高等教育出版社.